2018版《防治煤矿冲击地压细则》配套教材

防治煤矿冲击地压专项培训教材

主编　易善刚　武国晓

中国矿业大学出版社

·徐州·

内 容 提 要

本书是为了煤矿企业学习和宣贯《防治煤矿冲击地压细则》、提高防治煤矿冲击地压灾害知识和防治技术水平而编写的。本书主要介绍了煤矿地质基础知识、冲击地压特征、煤矿冲击地压的影响因素、冲击地压防治技术、冲击地压事故救援、冲击地压典型案例分析等内容。本书适合作为学习《煤矿冲击地压细则》、防治煤矿冲击地压专题培训班的教材,也可供广大工程技术人员参考。

图书在版编目(C I P)数据

防治煤矿冲击地压专项培训教材/易善刚,武国晓

主编. —徐州:中国矿业大学出版社,2018.6(2022.12重印)

ISBN 978 - 7 - 5646 - 4044 - 6

Ⅰ.①防… Ⅱ.①易…②武… Ⅲ.①煤矿－冲击地压－灾害防治－安全培训－教材 Ⅳ.①TD324

中国版本图书馆 CIP 数据核字(2018)第149462号

书　　名	防治煤矿冲击地压专项培训教材
主　　编	易善刚　武国晓
责任编辑	郭　玉　耿东锋　于世连
出版发行	中国矿业大学出版社有限责任公司
	(江苏省徐州市解放南路　邮编221008)
营销热线	(0516)83885307　83884995
出版服务	(0516)83885767　83884920
网　　址	http://www.cumtp.com　E-mail:cumtpvip@cumtp.com
印　　刷	徐州中矿大印发科技有限公司
开　　本	850×1168　1/16　印张 7.125　字数 183 千字
版次印次	2018 年 6 月第 1 版　2022 年 12 月第 2 次印刷
定　　价	32.00 元

(图书出现印装质量问题,本社负责调换)

国家煤矿安监局办公室关于宣传贯彻《防治煤矿冲击地压细则》的通知

煤安监司办〔2018〕5 号

各产煤省、自治区、直辖市及新疆生产建设兵团煤矿安全监管部门、煤炭行业管理部门,各省级煤矿安全监察局,司法部直属煤矿管理局,有关中央企业:

《防治煤矿冲击地压细则》(以下简称《细则》)拟于 2018 年 8 月 1 日实施,为做好《细则》的学习宣贯工作,推进防冲管理和技术措施的贯彻落实,现就有关要求通知如下:

一、充分认识《细则》出台的重要意义。

我国煤矿冲击地压灾害日趋严重,近年来发生多起重大冲击地压事故,造成重大人员伤亡和财产损失。随着开采深度增加,黑龙江、辽宁、山东、陕西、新疆等地冲击地压与瓦斯、火等灾害相互叠加,相互影响,致灾因素更加复杂,防治难度加大。《煤矿安全规程》修订颁布后,各地对冲击地压防治相关条款的执行存在认识不一致、把握参差不齐等问题,亟需进一步细化明确。国家煤矿安全监察局组织制定本《细则》,进一步规范和细化冲击地压防治工作,对完善冲击地压防治制度措施、提高灾害治理能力、推动我国煤矿安全生产形势持续向好具有重要意义。

二、精准把握《细则》定位、特点和主要内容。

《细则》是对《煤矿安全规程》第二百二十五条至第二百四十五

条的细化,从安全管理和工程技术措施两方面进一步提高了冲击地压防治工作的系统性、规范性和科学性。一是细化了煤(岩)层冲击倾向性鉴定和冲击危险性评价,包括建设矿井、生产矿井及采区、采掘工作面的冲击危险性评价;二是细化了冲击地压防治工程技术措施,如监控预警措施、卸压防冲措施等;三是细化了冲击地压矿井防冲管理制度和安全措施。

《细则》坚持问题导向,科学合理防治煤矿冲击地压。一是重视源头治理。有冲击地压危险的煤矿,从开拓设计开始,应依据开采规模、灾害严重程度、开采技术条件等因素,实行严格的产业技术政策,合理确定生产能力及开采区域。二是突出超前治理。有冲击地压危险的煤矿,在进行采掘布置时,应当考虑开拓方式、煤层开采顺序、采区巷道布置、采煤工艺、推进速度、通风系统、防冲设施(设备)等因素,避免不合理的采掘活动导致冲击地压事故。三是坚持区域综合治理。充分吸收总结各地冲击地压防治经验做法和有效措施,推广应用近年来的科技成果,借鉴煤矿相关动力灾害防治经验,坚持区域治理先行、综合措施跟进。

三、认真做好《细则》的学习宣贯工作。

(一)高度重视,广泛动员。有煤矿冲击地压或冲击地压潜在风险的省(区、市)煤矿安全监管监察部门和煤矿企业要高度重视《细则》的学习宣贯工作,把学习宣贯《细则》作为当前一项重要工作任务。要结合实际研究制定宣贯方案,加强组织领导,明确责任部门、责任人和任务要求,建立责任清单,统筹推进本地区学习宣贯工作,督促煤矿企业严格落实《细则》各项规定。

(二)广泛宣传,营造氛围。有煤矿冲击地压或冲击地压潜在风险的省(区、市)煤矿安全监管监察部门要充分利用当地新闻媒体的舆论导向作用,采取不同形式对《细则》进行宣传报道、解读,提高防治煤矿冲击地压灾害知识和防治技术水平;挖掘《细则》宣贯和冲击地压防治经验做法,积极向《中国煤炭报》等报纸投稿推广,形成积极良好的舆论氛围。国家煤矿安监局将在政府网站开辟《细则》宣传专栏,主要内容包括防治煤矿冲击地压知识、冲击地压灾害防治(防治工程、技术装备、监管监控、典型经验)、《细则》专家解读、冲击地压事故案例剖析等,要认真组织贯彻学习。

(三)精心组织,合理安排。有冲击地压或冲击地压潜在风险的矿井和煤矿企业要组织专题学习,应采取举办专题培训班、召开主题研讨会、邀请专家辅导和经验交流等多种形式开展学习宣贯,企业负责人要带头学,并认真组织相关负责人、安全生产管理人员、班组长、从业人员开展专题学习讨论,了解先进防冲技术,熟练掌握《细则》内容和要求。煤矿安全监管监察部门要加强宣传和指导,相关人员要深入学习掌握《细则》内容和要求,做到应知应会。国家煤矿安监局将把《细则》专题纳入应急管理部、国家煤矿安监局的培训内容,在煤矿安全监察监管部门负责人等培训班上开展专题讲座,同时组织对安全监管监察执法人员和煤矿企业防冲技术负责人分 3 个片区进行宣贯培训,各地要做好培训组织工作。

(四)查漏补缺,依规执行。煤矿企业要提高冲击地压防范意识,严格自查自改。有冲击地压潜在风险的矿井要及时开展煤岩冲击倾向性鉴定,开采具有冲击倾向性煤层的矿井,必须进行冲击危险性评价,新建矿井应当按规定进行冲击倾向性评估,该"带帽"的必须"带帽",按要求报送鉴定和评价结果。冲击地压矿井要严格防冲措施的效果检验,检验不合格的严禁采掘作业。

(五)加强监管,狠抓落实。有煤矿冲击地压或冲击地压潜在风险的省(区、市)煤矿安全监管监察部门要将《细则》宣贯纳入明查暗访、调研督导、日常监管监察等工作中,督促责任落实,对行动迟缓、学习贯彻不积极不深入的,要严肃批评;要树立好的典型,组织互相学习交流。国家煤矿安监局将组织专家赴冲击地压矿井集中地区开展重点宣讲,进行重点推动检查指导。

(六)完善制度,落实到位。冲击地压矿井应当逐步建立完善相关配套制度,建立防冲管理机构及队伍,落实综合防治措施,确保防治冲击地压相关技术措施和管理要求贯彻执行到位。国家煤矿安监局将对《细则》的宣贯执行情况以及冲击地压灾害防治措施落实情况进行抽查。

国家煤矿安监局办公室
2018 年 5 月 16 日

前　言

　　为了适应有煤矿冲击地压或冲击地压潜在风险的煤矿安全技术培训的需要,依据《国家煤矿安监局〈防治煤矿冲击地压细则〉的通知》[煤安监技装〔2018〕8号]和《国家煤矿安监局办公室关于宣传贯彻〈防治煤矿冲击地压细则〉的通知》[煤安监司办〔2018〕5号]的整体要求,以及2016版《煤矿安全规程》的规定,在深入调研和广泛征求有关专家、煤矿冲击地压防治管理人员意见的基础上,本着系统性、实用性、针对性的原则,编制了本教材。本教材将教、学、考和用相结合,突出了标准性、科学性和新颖性。

　　本教材共六章,第一章为煤矿地质知识,内容包括岩石、煤层、煤矿地质构造和煤矿常见非构造变动。第二章为冲击地压特征,内容包括冲击地压现状、冲击地压特征和冲击地压分类及危害。第三章为煤矿冲击地压的影响因素,内容包括地质因素、开采技术因素和管理因素。第四章为冲击地压防治技术,内容包括冲击地压危险性评价及预防原则、冲击地压预测技术、冲击地压防治技术、顶板大面积来压以及冲击地压安全防护措施。第五章为冲击地压事故救援,内容包括救援总则、冲击地压事故现场处置、同时引发其他事故的救援以及自救互救与伤员转运。第六章为冲击地压典型案例分析,内容包括不同开采条件下的冲击地压案例、不同发生机理的冲击地压案例以及区域性冲击地压案例。

　　本教材的编写,力求做到简明扼要,重点突出,达到先进性、实用性和针对性的有机统一。希望本书的出版,对有煤矿冲击地压或冲击地压潜在风险的煤矿安全技术培训起到积极的指导作用，并进一步促进煤矿安全生产。

本教材在编审过程中，得到了中国矿业大学、中国平煤神马集团、义马煤业集团等单位的大力支持，参阅了大量的相关书籍。在此，谨向上述单位和领导及有关参阅书籍的各位作者表示衷心的感谢！

由于作者水平有限，加之成书仓促，本书中疏漏、不妥之处在所难免，敬请广大读者及有关专家批评指正。

编者

2018 年 6 月 1 日

目 录

第一章　煤矿地质知识

煤层埋藏于地下岩层中,煤矿开采面对的主要对象是煤层与岩层,因此,煤矿工作人员必须掌握煤层与岩层的基本性质、特征及其与各种地质作用的关系。

第一节　岩　　石

地壳是由岩石组成的,而岩石则由矿物组成,矿物由一种或多种元素组合而成。

1.岩石的分类

岩石的种类很多,根据成因可将其分成三大类,即岩浆岩、沉积岩和变质岩。

（1）岩浆岩

岩浆岩由高温熔融状态的岩浆喷出地表或侵入地壳的上部逐渐冷却、凝固而形成的岩石。岩浆岩的基本特征是呈块状结构,不含生物化石。常见的岩浆岩有安山岩、花岗岩、玄武岩、闪长岩、流纹岩和辉长岩等。

（2）沉积岩

沉积岩是地表岩石或生物遗体在外力地质作用下被风化、剥蚀、搬运、沉积、紧压、脱水、胶结形成的岩石。沉积岩的一般形成过程是,暴露于地表的原有岩石或生物遗体,先风化和剥蚀,被破碎或分解成碎屑物质和可溶性物质,又经过流水和风力的搬运,在适当的条件下,逐渐沉积下来,形成各种沉积物。随地壳沉降运动,上覆物增加,这些沉积物在上覆物重力作用下,变成坚固的岩石。组成沉积岩的物质中可有大量的生物遗体或火山喷发的物质。

沉积岩的主要特征是:岩层具有明显的层状结构;岩层中可含大量的生物化石。

地壳表面75%以上为沉积岩所覆盖,沉积岩在地壳表层岩层中分布很广,厚薄不均,是最常见的一类岩石。煤矿开采的煤系地层主要由沉积岩组成。有许多重要的矿产资源,它本身就是沉积岩,如煤、油页岩、盐矿和石灰石等。

我们开采的煤炭是一种主要由大量的植物遗体经漫长的地质时代作用,演变成的沉积岩。在煤层的上部和下部,绝大多数也都是其他性质的沉积岩,形成煤层的顶板和底板。所以,沉积岩是我们在煤矿中最常见的岩石,煤矿的井巷工程绝大多数布置在沉积岩中。

(3)变质岩

变质岩是地壳内已经形成的岩浆岩、沉积岩或变质岩,受到高温、高压作用或岩浆侵入,使原有岩石的结构、构造或化学成分及矿物成分发生部分或全部变化而形成的一种新岩石。变质岩主要分布在地壳强烈变动区域或岩浆岩周围。变质岩的结构有粒状变晶结构和斑状变晶结构,构造有片理构造和块状构造。常见的变质岩有石英岩、大理岩、片麻岩、片岩和千枚岩等。

2.岩石的基本性质

岩石的基本性质包括岩石的基本物理性质和力学性质。

岩石的基本物理性质是多方面的,主要包括密度、孔隙性、透水性、吸水性、碎胀性等。

岩石的力学性质是指岩石在外力作用下岩石的变形特征、岩石的强度特征和岩石的破坏方式。岩石的变形特征反映岩石在载荷作用下改变自己的形状或体积直至破坏的情况;岩石的强度特征反映岩石抵抗破坏的能力;岩石的破坏方式主要是拉断、剪断和塑性变形等。

3.岩石的工程分级

不同的岩石,其硬度是不同的。岩石的工程分级方法很多,我国煤矿常用的是按照岩石的坚固性和围岩稳定性对岩石进行分级、分类,目前常用普氏系数来表示,其计算公式为:

$$f = R_c/10$$

式中 f——普氏系数,又称岩石的坚固性系数;

R_c——岩石的单向抗压强度,MPa;

10——换算系数。

根据岩石的坚固性系数 f 值的大小,将岩石分成 10 级 15 种。f 值愈大,则岩石愈坚固。为了简化,我国煤炭系统按坚固性将煤、岩分类为:软煤 $f=1\sim1.5$;硬煤 $f=2\sim3$;软岩 $f=2\sim3$;中硬岩 $f=4\sim6$;硬岩 $f=8\sim10$;坚硬岩石 $f=12\sim14$;最坚硬岩石 $f=15\sim20$。

第二节 煤 层

一、煤的形成

煤是由古代植物遗体经漫长的地质时期,在地质作用下演变形成的。

(一)煤的形成阶段

研究表明,煤的形成一般经历泥炭化和煤化两个阶段。

1.泥炭化阶段

泥炭化阶段包括腐泥化与泥炭化。在成煤时期,地球上气候温暖而湿润,植物生长旺盛,尤其是湖泊沼泽地带密布着茂密的森林或水生植物。死亡的植物遗体堆积在湖泊沼泽底部,随着地壳缓慢下沉逐渐被水覆盖而与空气隔绝。在厌氧菌参与的生物化学作用下,植物遗体开始腐烂分解,有的变成气体跑掉,有的变成液体失散,被保留下来的物质就变成腐泥状。腐泥不断堆积而形成腐泥层,地壳沉降,腐泥层便被其他沉积物覆盖,随着上覆沉积物增加,腐泥层逐渐被压实、脱水固结形成泥炭。

2. 煤化阶段

煤化阶段又分为成岩阶段和炭化阶段。成岩阶段是植物遗体成为泥炭后,随着时间的推移,地壳继续缓慢下沉,上覆盖层逐渐加厚,泥炭在已升高的温度和压力为主的物理化学作用下,逐渐被压紧,失去水分并放出部分气体,变得致密起来。当生物化学作用减弱以至消失后,泥炭中碳元素含量逐渐增加,氧、氢元素的含量逐渐减少,腐殖酸的含量不断降低直至完全消失,经过一系列的变化,泥炭变为褐煤。炭化阶段是形成褐煤后,如果当地地壳停止下降,那么成煤作用就可能停止在褐煤阶段;若地壳继续下降,压力和温度不断增高,地质作用继续进行,褐煤可进一步炭化转变为烟煤;烟煤再受到更大的压力和温度的作用,变质程度继续增加,就可形成无烟煤。成煤的全过程及各阶段的递变产物如表 1-1 所示。

表 1-1　　　　　　成煤作用及各阶段产物

地质作用			原始物质及递变产物
成煤阶段	第一阶段	腐泥化作用与泥炭化作用	植物↓腐泥↓泥炭
	第二阶段 煤化作用	成岩作用	褐煤↓烟煤
		变质作用	↓无烟煤

（二）煤的形成条件

形成具有开采价值的煤层必须具备以下四个条件：

（1）植物的大量繁殖。植物遗体是成煤的原料，没有植物的生长就不可能有煤的形成。因此，在漫长的地质历史中，成煤的时期应该是有大量植物繁殖的时代。

我国最主要的三个聚煤时期是石炭二叠纪、侏罗纪和第三纪，分别是植物界的孢子植物、裸子植物和被子植物繁盛的时代。

（2）温暖潮湿的气候。植物的生长直接受气候的影响，只有在温暖潮湿的气候条件下，植物才能大量繁殖。同时，植物遗体只有在沼泽地带才能被水淹没，免遭完全氧化而逐渐堆积，沼泽的发育则要求有潮湿的气候。因此，温暖和潮湿的气候是成煤的重要条件。

（3）适宜的地理环境。要形成分布面积较广的煤层，必须有能够适宜于植物大面积不断繁殖和遗体堆积的地理环境和植物遗体免遭完全氧化的自然条件。

（4）地壳运动的配合。地壳运动对煤形成的影响是多方面的。泥炭层的积聚要求地壳发生缓慢下沉，而下沉速度最好与植物遗体堆积的速度大致平衡，这种状态持续的时间越久，形成的泥炭层越厚。在泥炭层形成之后，如果地壳上升，已形成的泥炭层就会遭到剥蚀、破坏；如果地壳下降过快，植物来不及生长，埋藏在深水下的泥炭层被其后沉积的泥沙覆盖，在温度和压力作用下开始煤化作用。泥炭层的保存和转变成煤的过程则要求地壳应有较大幅度和较快的沉降。在同一地区若能形成较多的煤层，则又要求地壳在总的下降过程中还应发生多次的升降和间歇性的下沉。

由此可见，在地球发展的地质历史过程中，某个地区如果同时具备了上述四个条件，并彼此配合得很好，持续的时间也较长，就可能形成很多很厚的煤层，成为重要的煤田。如果四个条件的配合只是短暂的，虽然也能有煤生成，但范围与煤层厚度有限，不一定具有工业开采价值。

二、煤层的赋存条件

煤层的赋存条件包括煤层埋藏深度、层数、厚度、倾角、结构及其稳定性等。由于成煤原始条件存在差异,后期受地壳运动影响的程度不同,因而煤层的赋存条件各不相同。煤层的赋存条件对开采影响很大。

1. 煤层的埋藏深度

煤层的埋藏深度,从数十米到两千米以上。开采深度的增加,地温、矿压、瓦斯涌出量、矿井水涌出量都会增大,使开采困难,技术复杂。我国一部分煤矿开采深度已过 1 000 m,迫切需要研究解决深层开采中的技术难题。

2. 煤层层数

由于沉积条件的差异,各煤田所含可采煤层层数多少不一,少的仅一层可采,多的可达数十层。多煤层井田的开拓,尤其是层间距的大小以及煤质、煤种的不同,在很大程度上影响到开拓部署和开采程序。

3. 煤的厚度

煤层厚度是指煤层顶、底板岩层之间的垂直距离。煤的厚度不仅影响到矿井开拓部署,而且是选择采煤方法的主要影响因素。开采薄或厚度特大的煤层,在技术上都比较复杂、困难较多,经济效益也不一样。由于成煤过程中聚煤自然条件不同,煤层厚度从几厘米到一百多米差别很大。

根据开采技术的特点,煤层按厚度划分为三类:

(1) 薄煤层:<1.3 m。

(2) 中厚煤层:1.3~3.5 m。

(3) 厚煤层:>3.5 m。

4. 煤层的倾角

煤层的原始产状一般是水平或近水平状态,但地壳运动的作用,使煤层改变了原始产状,具有一定倾角。煤层的倾角越大,开采越困难,也越难以实现机械化开采。

根据开采技术的特点,煤层按倾角分为四类:

(1) 近水平煤层:<8°。

(2) 缓倾斜煤层:8°～25°。

(3) 倾斜煤层:25°～45°。

(4) 急倾斜煤层:>45°。

5. 煤层结构

煤层结构是指煤层中是否含有较稳定的夹石层。根据煤层中是否出现稳定的夹石层,将煤层结构分为简单结构和复杂结构两类。

(1) 简单结构煤层:煤层中没有呈层状出现的比较稳定的夹石层,但它仍可能夹有一些矿物质透镜体或结核。简单结构煤层反映在煤层形成过程中,植物堆积是连续的。在自然界中,简单结构的煤层多数为厚度不大的煤层。

(2) 复杂结构煤层:煤层中有较稳定夹石层。开采复杂结构的煤层时,夹石多数混入煤中,增加煤炭的含矸率,提高了煤的外在灰分,导致煤炭质量降低,这样势必增加选煤和运输工作量,影响矿井经济效益。

由于成煤过程沉积条件的差异,各煤田所含的可采煤层层数多少不一,少的仅一层可采,多的可达数十层。煤层层间距的大小以及煤质、煤种的不同,在很大程度上影响到矿井开拓部署和开采程序。

6. 煤层的层状稳定性

煤层在地下赋存形态一般为层状,层位有明显的连续性,厚度比较均匀,而且有一定规律。但由于地壳运动的影响,煤层的厚度都是有所变化的,有的煤层层状形态变化很大。根据煤层层状变化情况及对开采的影响,将煤层的层状稳定性分为三类。

(1)层状煤层:在井田范围内,煤层层位连续,厚度变化较小,而且有一定规律。

(2)似层状煤层:厚度变化较大,但在井田范围内大都可采,呈藕节状。

(3)非层状煤层:厚度变化很大,常有增厚、变薄、分叉或尖灭现象,井田范围内经常出现不可采区域,呈鸡窝状、扁豆状断续分布。

煤层形成不同的几何形态,主要取决于当时的沉积特点。如地壳沉降不均衡、泥炭沼泽基底起伏不平或分布不连续,以及地质构造作用的破坏、古河流的冲刷与海水冲蚀等,都能造成煤层厚度的变化,形成各种不规则层状的煤层。

7. 煤层顶底板岩层

煤层顶底板岩层是指煤系中位于煤层上下一定距离的岩石。按照沉积顺序,先于煤层沉积而形成的岩层称为煤层底板,位于煤层之下;后于煤层沉积形成的岩层称为煤层顶板,位于煤层之上。正常情况下,底板位于煤层之下,而顶板位于煤层之上,当地质构造破坏较剧烈时,有可能发生侧转。由于沉积环境的差异,煤层顶底岩石性质也不尽相同。常见的煤层顶底板岩层有泥岩、页岩、砂岩、石灰岩等。煤层顶底板岩层性质对矿井开采有重要影响。

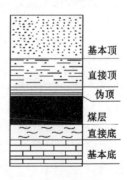

根据岩层的相对位置及开采过程中岩层垮落与移动特征,煤层顶板一般分为伪顶、直接顶和基本顶三部分;而煤层的底板分为直接底和基本底两部分。如图1-1所示。

图1-1 煤层顶低板岩层示意图

(1)伪顶:直接位于煤层之上,主要为泥岩、炭质泥岩或页岩组成,强度较小,随工作面落煤而很快垮落的极不稳定岩层,其厚度一般在 0.5 m 以下。也有部分煤层之上没有伪顶。

（2）直接顶:位于伪顶或煤层之上,主要由页岩、砂质页岩组成,具有一定的强度,可悬露一定的面积和一定时间。比较稳定的直接顶岩层,一般随工作面采空区处理（放顶）而自行垮落。厚度一般为一米多至几米甚至十多米。

直接顶是工作面直接支撑维护的对象。采煤工作面从切眼开始回采,回柱放顶后直接顶垮落,形成采煤工作面的初次放顶。

（3）基本顶:位于直接顶之上,通常由砂岩、石灰岩或砾岩组成,强度较高,厚度较大,不易垮落。随工作面直接顶垮落,基本顶多呈悬露状,达到极限跨距,发生断裂垮落,对工作面造成明显压力影响。基本顶的断裂垮落,是造成工作面初次来压和周期来压的根源。

（4）直接底:位于煤层之下,厚度数百毫米至数米,多为富含植物根化石的泥岩,有的直接底遇水膨胀,致使巷道发生底鼓现象,遭到破坏。

（5）基本底:位于直接底之下,常为砂岩或粉砂岩,一般对工作面支护影响不大。若基本底松软、遇水膨胀,会对工作面支护有较大影响。

第三节　煤矿地质构造

地质构造是地壳运动的结果。根据成因,地质构造变动可分为两大类,即构造变动和非构造变动。如单斜构造、褶皱构造、断裂构造等由于地壳运动而使岩层发生的变动,称为构造变动;如山崩、地滑、岩溶陷落等由于重力作用、地下水作用、风化作用、冰川作用等,而使岩层或岩体发生的局部变动,称为非构造变动。

矿井地质构造是影响煤矿安全生产最重要的地质因素,如冒顶、片帮、煤与瓦斯突出、冲击地压、透水事故等常与矿井地质构造有关,因此在煤矿采掘过程中,遇到矿井地质构造变化时要给予足够的重视。

一、单斜构造

原始形成的沉积岩层,其产状一般是水平或近似水平的,并在一定分布范围内连续完整。但实际常见到的沉积岩层,是已受地壳运动的影响而发生了倾斜、褶皱的,有的还发生了断裂,或沿断裂面产生了位移。

在一定范围内,一系列岩层大致向同一方向倾斜,这种构造形态称为单斜构造。在较大的区域内,单斜构造往往是某种构造形态的一部分,如褶曲的一翼,或断层的一盘,如图 1-2 所示。

图 1-2　构造形态的基本类型

岩层在地壳中的空间位置和产出状态,称为岩层的产状。岩层的产状,是以岩层层面在空间的方位及其与水平面的关系来确定的。岩层产状的三大要素是走向、倾向和倾角。

二、褶皱构造

岩层在水平方向挤压力的长期作用下,发生塑性变形,形成波状弯曲,这种构造形态叫褶皱构造。褶皱构造的岩层虽然发生塑性变形形成波状弯曲,但其仍保持其连续性,如图 1-3 所示。

1.褶曲的基本形态

褶皱构造中岩层的一个弯曲单元称为褶曲。褶曲是褶皱构造的基本单位。褶曲的基本形态可分为背斜和向斜两种。背斜岩石层面凸起,中间为老地层岩石,两边为新地层岩石。向斜岩层层面

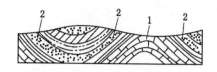

图 1-3 背斜和向斜

1——背斜；2——向斜

凹下，中间为新地层岩石。

2. 褶曲构造对煤矿安全的影响

大型向斜轴部顶板压力常有增大现象，必须加强支护，否则容易发生局部冒顶、大面积冒顶等事故，给顶板管理带来很大困难。

有瓦斯突出的矿井，向斜轴部是瓦斯突出的危险区。由于向斜轴部顶板压力大，再加上强大的瓦斯压力，向斜轴部极易发生煤与瓦斯突出。

三、断裂构造

岩层在地壳运动过程中受到的作用力超过岩层的强度极限后产生断裂的构造叫断裂构造。其特征是岩层失去了连续性和完整性。根据岩层断裂后沿断裂面两侧岩块有无明显位移，又将断裂构造分为裂隙、断层两种基本类型。

（一）裂隙

岩层断裂后，断裂面两侧岩块未发生显著位移的断裂构造，称为裂隙，又称节理。

1. 裂隙的成因分类

（1）成岩裂隙

成岩裂隙是指岩石在形成过程中产生的裂隙，如沉积物脱水和压缩后所生成的裂隙，一般局限在个别岩层中。

（2）风化裂隙

风化裂隙是指岩石受风化作用后产生的裂隙。这种裂隙一般规模不大，分布也不规则，地表发育，裂隙密度随深度的增加而降低,到一定深度后,风化裂隙不复存在。

(3)构造裂隙

构造裂隙是指岩石受构造作用力产生的裂隙,这种裂隙的形成和分布有一定的规律性,并与褶曲、断层等地质构造有密切的关系。

2.裂隙与煤矿安全生产的关系

(1)裂隙与矿井水的关系

裂隙破碎带是地下水的良好通道,因此在裂隙发育的地区,常会增加矿井水的涌水量,有时还能引起井下水患。

(2)裂隙与钻眼、爆破的关系

岩石裂隙发育时,炮眼不能沿主要裂隙面布置,以免卡钎子,在使用一字形钎头时更容易卡钎子;爆破时,容易沿裂隙面漏气,使爆破效果和爆破安全性大大降低。

(3)裂隙与顶板管理的关系

煤层顶板岩层裂隙发育时,工作面支架一般不能用戴帽点柱支护,应采用棚子支护,且支架要加密些。棚子的顶梁不要平行于主要裂隙方向布置,以防止顶板沿裂隙冒落。

(4)裂隙与掘进、采煤工作面布置的关系

在掘进过程中,若裂隙的走向与掘进方向平行时,岩石的主要压力将集中到支柱上,容易造成顶板塌落。若采煤工作面平行于主要裂隙方向布置,不仅容易冒顶,还容易发生片帮事故,所以最好与主要裂隙方向成一锐角或垂直。

(二)断层

岩层断裂后,两侧岩块沿断裂面发生显著相对位移的断裂构造,称为断层。

1.断层要素

为了描述断层的性质和空间的形态,给断层的各个部位分别以对应的名称,这些断层的基本组成部分,称为断层要素。断层要素有断层面、断盘、断层线和断距,如图 1-4 所示。

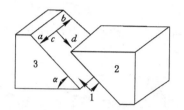

图 1-4 断层要素示意图

α——倾角;ab——走向;cd——倾向;

1——断层面;2——上盘;3——下盘

2. 断层分类

(1) 根据断层两盘相对位移的方向分类

① 正断层:正断层上盘相对下降,下盘相对上升,如图 1-5(a) 所示。

② 逆断层:逆断层上盘相对上升,下盘相对下降,如图 1-5(b) 所示。

③ 平移断层:平移断层两盘沿水平方向相对移动,如图 1-5(c) 所示。

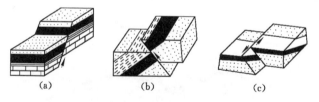

(a)   (b)   (c)

图 1-5 断层两盘相对移动方向示意图

(2) 根据断层面走向与岩层面走向的相对关系分类

① 走向断层:走向断层的断层面走向与岩层走向方向一致或近于一致,如图 1-6(a) 所示。

② 倾向断层:倾向断层的断层面走向与岩层走向垂直或近于垂直,如图 1-6(b)所示。

③ 斜交断层:斜交断层的断层面走向与岩层走向斜交,如图 1-6(c)所示。

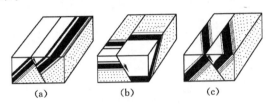

图 1-6 断层走向与岩层走向的相对关系示意图

3. 断层的组合形式

在同时期相同性质外力的作用下形成许多断层,会以一定的规律或组合形式出现。主要有以下几种:

(1) 地堑和地垒。通常它们都是由两条以上的断层组成的。相邻两条相向倾斜的正断层,中间岩块下降、两侧岩块相对上升的组合形式,为地堑;相邻两条正断层倾向相背,中间岩块上升,两侧岩块相对下降的组合形式,为地垒。地堑和地垒一般由正断层组成,如图 1-7 所示。

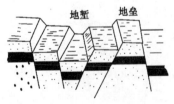

图 1-7 地堑和地垒示意图

(2) 叠瓦状构造。由数条产状大致相同的逆断层组成。其上盘在剖面上呈叠瓦状向同一方向依次上推,组合成叠瓦状构造。

叠瓦状构造常在褶皱较剧烈的地区出现,断层线与褶曲轴方向大体一致,表示了该区曾经历了较强的水平挤压运动,如图 1-8所示。

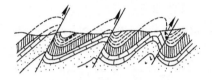

图 1-8 叠瓦状构造

（3）阶梯状构造。由数条产状大致相同的正断层组成,其上盘在剖面上呈阶梯状向同一方间依次下降,这些断层组合形成阶梯状构造,如图 1-9 所示。

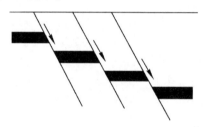

图 1-9 阶梯状构造

4.**断层对煤矿安全生产的影响**

（1）断层破碎带是水流的通道,特别是正断层更有利于地表水和地下水沿通道流入井下,使煤矿井下涌水量增加。

（2）在逆断层破碎带附近,容易积聚和保存大量瓦斯,可能会造成瓦斯突出,给安全生产带来威胁。

（3）断层带及其附近,由于岩石破碎,降低了岩石强度,容易引起垮塌冒顶。

（4）断层造成煤炭损失。断层越多,留设保安煤柱的损失量也越大。

（5）断层影响掘进工作。煤矿生产过程中，当煤（岩）巷遇到断层后，应迅速找到断失煤层，否则将会造成大量废巷，影响掘进工作速度，甚至改变设计。

四、煤矿常见非构造变动对安全生产的影响

由于重力作用、地下水作用、风化作用、冰川作用等而使岩层或岩体发生的局部变动，称为非构造变动。

1. 冲蚀

冲蚀是指成煤后水流侵蚀了煤层、顶板或底板，而过后又被砂石充填的现象，又称冲刷带。有的还在煤层内形成包裹体，如图1-10所示。

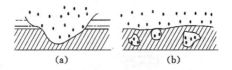

图 1-10　冲蚀和冲刷包裹体

（a）冲蚀；（b）冲刷包裹体

煤层被沉积物覆盖以后，或在整个煤系地层形成之后，由于河流冲蚀引起煤层薄化的现象称为后生冲蚀薄化，它对安全生产造成较大的影响。

2. 岩浆侵入体

由于岩浆作用而使得岩浆侵入到含煤地层时，该岩体称为岩浆侵入体。主要有两种产状：层状的岩床和脉状的岩墙。

地下岩浆沿煤层层面方向侵入的层状侵入体，称为岩床。它既可沿煤层的顶部或底板侵入，亦可顺煤层中间侵入或吞食整个煤层，如图1-11所示。

地下岩浆沿断层的裂隙向上侵入到煤层地带，穿过煤层及其

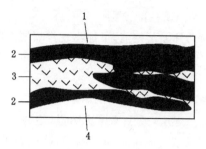

图 1-11 岩浆沿煤层层面侵入示意图

1——煤层顶板 2——煤层 3——岩浆岩侵入体 4——煤层底板

顶底板岩层,呈墙状形态的侵入体,称为岩墙。

岩浆侵入煤层,破坏了煤的整体结构,给开采带来一定的困难。岩浆岩的侵入严重影响煤炭质量,会造成煤的灰分增高,挥发分降低,黏结性减弱,降低煤的使用价值。

3. 陷落柱

陷落柱是煤系地层下部存在厚度很大的可溶性石灰石、白云岩等,由于受地下水的化学溶蚀作用,形成岩溶空洞,在上覆岩层重力作用下,引起溶洞上部煤系地层塌陷,形成不规则的环形柱状体。有些矿区称其为岩溶陷落柱、无炭柱等,如图 1-12 所示。

图 1-12 岩溶陷落柱示意图

(1) 陷落柱的特征

陷落柱与围岩的接触面多呈凹凸不平的大角度柱面,有时近于直立。陷落柱体是由上方岩层塌陷的岩石碎块或第四纪沉积物组成的。陷落柱内的岩石碎块形状很不规则,棱角显著,大小不一地混杂在一起。陷落柱的平面形态多呈椭圆形。

（2）煤层遇到陷落柱的预兆

采煤工作面遇到陷落柱前，可能出现煤岩层产状发生变化、裂隙和小断层增多，出现煤的氧化、涌水量增加和岩块挤入煤层等预兆。

（3）陷落柱对煤矿安全生产的影响

陷落柱破坏了煤层，减少了煤炭储量，给井巷的布置和施工、采煤施工和采掘机械的应用增加了困难；陷落柱可能成为涌水通道而将地下水导入工作面，在地下水源丰富的矿区，陷落柱的存在对矿井安全生产威胁很大。

 复习题

一、判断题

1. 地壳是由岩石组成的，而岩石则由矿物组成，矿物由一种或多种元素组合而成。（　　）

2. 沉积岩不具有明显的层状结构。（　　）

3. 正常情况下，底板位于煤层之下，而顶板位于煤层之上，当地质构造破坏较剧烈时，有可能发生侧转。（　　）

4. 原始形成的沉积岩层产状一般是倾斜的，在一定分布范围内连续完整。（　　）

5. 煤矿地质工作应当坚持"综合勘查、科学分析、预测预报、保障安全"的原则。（　　）

6. 煤层结构类型可划分为简单结构煤层和复杂结构煤层两大类。（　　）

7. 岩层的产状三要素包括走向、倾向和倾角。（　　）

8. 岩层层面与水平面的交线称之为走向线，与走向线的延伸方向垂直线方向即为岩层的走向。（　　）

9. 岩层层面上的倾斜线与其在水平面上投影线的夹角叫作倾角。（　　）

10. 岩层在构造应力作用下产生塑性变形,出现一系列波状弯曲,并丧失其连续完整的构造形态称之为褶皱。( )

11. 褶皱的基本形态可分为背斜和向斜。( )

12. 岩层或岩体在构造应力作用下,产生断裂变动,出现裂隙、滑动面和破裂带,沿着裂面两侧具有相对位移者称之为断层。( )

13. 断层的几何三要素包括:断层面、断盘和断距。( )

14. 矿井建设到开采结束期间所进行的一切勘探统称矿井地质勘探。( )

15. 冲蚀是指成煤后水流侵蚀了煤层、顶板或底板,而过后又被砂石充填的现象。( )

二、单选题

1. 煤的形成一般经历( )阶段。

A. 泥炭化   B. 煤化   C. 泥炭化和煤化

2. 岩层的产状是以岩层层面( )来确定的。

A. 空间的方位   B. 与水平面的关系

C. 空间的方位及其与水平面的关系

3. 岩层在( )方向受挤压力的长期作用下,发生塑性变形,形成波状弯曲,这种构造形态叫褶皱构造。

A. 水平   B. 垂直   C. 水平和垂直

4. 岩层断裂后,两侧岩块沿断裂面发生显著相对位移的断裂构造,称为( )。

A. 裂隙   B. 节理   C. 断层。

5. 按( )可将裂隙分为成岩裂隙、风化裂隙和构造裂隙三类。

A. 成因   B. 性质   C. 危害程度

6. 根据断层两盘相对( )分为正断层、逆断层和平移断层三类。

A. 位移的方向　　　B. 位移的大小　　C. 危害程度

7. 煤层顶板一般分为伪顶、直接顶和基本顶三部分,也有部分煤层没有(　　)。

A. 伪顶　　　　　B. 直接顶　　　　C. 基本顶

8. 倾斜煤层倾角一般为(　　)。

A. 8°～25°　　　B. 25°～45°　　　C. >45°

9. 掘进工作面布置最好与主要裂隙方向(　　)。

A. 平行　　　　　B. 垂直　　　　　C. 成一锐角或垂直

10.(　　)更有利于地表水和地下水沿通道流入井下,使煤矿井下涌水量增加。

A. 正断层　　　　B. 逆断层　　　　C. 平移断层

三、多选题

1. 岩石的种类很多,根据成因可将其分成(　　)大类。

A. 岩浆岩　　　　B. 沉积岩
C. 变质岩　　　　D. 岩浆侵入

2. 沉积岩按成因可分为(　　)。

A. 碎屑岩类　　　B. 黏土岩类
C. 石英砂岩类　　D. 化学岩及生物化学岩类

3. 变质岩是(　　)发生变化而形成的一种新岩石。

A. 岩浆岩　　　　B. 沉积岩
C. 变质岩　　　　D. 化学岩及生物化学岩

4. 地质构造复杂程度原则上以(　　)三个因素中复杂程度最高的一项为准。

A. 断层　　　　　B. 断距
C. 褶皱　　　　　D. 岩浆侵入

5. 具有开采价值的煤层必须具备有(　　)条件。

A. 植物的大量繁殖　　B. 温暖潮湿的气候
C. 适宜的地理环境　　D. 地壳运动的配合

三、简答题

1. 形成具有开采价值的煤层必须具备哪些条件？

2. 褶曲构造对煤矿安全有哪些影响？

第二章　冲击地压特征

第一节　冲击地压现状

一、我国冲击地压现状

1. 我国冲击地压状况

我国最早记录的冲击地压现象,1933 年发生在抚顺矿区的胜利煤矿,当时的开采深度约为 200 m。后来,随着采掘范围的扩大和开采深度的增加,在北京的门头沟、城子、房山、大峪沟、大台、木城涧等 6 个煤矿,枣庄的陶庄矿、八一矿,抚顺的龙凤矿和老虎台矿,阜新的高德矿、五龙矿,四川的天池矿,开滦的唐山矿等都发生过严重的冲击地压现象。从 1949 年中华人民共和国成立以来,已发生破坏性冲击地压 4 000 余次,震级 M0.5~M3.8,造成巷道大量破坏和严重的人员伤亡。

近年来,随着煤矿开采深度的不断增加,开采强度不断加大,矿井发生冲击地压的分布范围越来越广。截至 2006 年年底,北京、枣庄、阜新、抚顺、辽源、大同、天池、新汶、开滦、徐州、义马、鹤壁、平顶山、双鸭山、鸡西、大屯、淮南、韩城、兖州、古城、华亭等近 100 个矿区(井)均发生过冲击地压。仅 2001 年至 2006 年间,大同、抚顺、北京、华亭、大同、阜新等矿区因发生冲击地压而导致的重大伤亡事故就多达 10 余起,死伤数百人。2012 年,我国冲击地压矿井数量已达到 140 余处。在 2015 年,我国有 20 个省(区、市)

的 177 个矿井发生过冲击地压事故(图 2-1)。冲击地压由于其发生因素复杂、影响因素多、发生突然、破坏性极大,已成为矿山安全开采的重大课题之一。

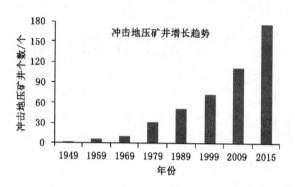

图 2-1 我国不同年份冲击地压矿井数量

目前,我国煤炭产量在一次能源中的占比超过 50%,产量居世界之首,且以井工开采为主,这种局面在相当长的时间内难以改变。随着我国煤矿开采深度的逐步增加和开采强度的进一步加大,煤矿将逐步进入深部开采,冲击地压危害将更加突出、日趋严重。从目前来看,我国每年均发生多起因冲击地压导致的人员伤亡事故,已成为世界上冲击地压最严重的国家之一。

2. 我国冲击地压的研究状况

20 世纪 70 年代末期,我国开始系统地开展了冲击地压的研究工作,并作为国家"六五""七五"科技攻关项目进行了重点研究。在充分吸收国外理论研究成果的基础上,我国在冲击地压发生机理、预测与防治方面均取得了一定的成绩:1983 年,煤层注水与深孔卸载爆破技术得到实施;1984 年,引进波兰 SAK 地音监测系统和 SYLOK 微震监测系统,并用于冲击地压预测;1987 年我国制定了第一部《冲击地压煤层安全开采暂行规定》;

1990 年成功研发了 BD4-Ⅰ型便携式地音仪;1992 年研制了 MA0104E 型简易地音监测系统;2018 年 5 月发布了《防治煤矿冲击地压细则》;等等。在理论研究方面,煤炭科学研究总院北京开采所、中国矿业大学、辽宁工程技术大学先后在冲击倾向性测定指标、冲击地压发生条件、冲击地压失稳理论等方面提出了自己的理论观点。在冲击地压预测与防治方面,结合国内冲击地压矿区的实际情况,先后发展和完善了冲击倾向性实验法、钻屑法、地质动力区划法、应力测量法、地音监测及微震监测法等预测方法。随着计算机技术的飞速发展,计算机数值模拟已运用于冲击地压的危险性评价中。在冲击地压的防治方面,主要发展与完善了保护层开采、深孔断顶爆破、煤层卸载爆破、煤层注水等方法,并对煤层顶底板处理、煤层钻孔卸压等措施进行了局部解危实验。

二、国外冲击地压现状

(一) 国外冲击地压状况

冲击地压是世界范围内煤矿开采中最严重的自然灾害之一,是世界采矿业面临的共同问题。

国外主要井工开采的国家发生冲击地压现象都十分普遍。1738 年英国在世界上首先报道了煤矿中所发生的冲击地压现象,之后,在苏联、南非、德国、美国、加拿大、波兰、日本、法国、印度、捷克、匈牙利、奥地利、保加利亚、新西兰和安哥拉等国家均有受到冲击地压灾害威胁的报道。苏联首次发生冲击地压是 1947 年吉谢罗夫矿区的基泽尔煤田。20 世纪 80 年代前,苏联 194 个矿井的 847 个煤层都有冲击危险性,且发生了 750 次有严重后果的冲击地压。

冲击地压发生的一般条件是:煤厚为 0.5~20 m,初始深度为 400~1 860 m。在各种煤种(包括褐煤)、各种倾角煤层中都记录有冲击地压现象。在多数情况下顶板为坚硬砂岩,也有一些是破碎顶板。开采技术条件涉及刀柱式、长壁式等开采方法,充填、垮落等顶板管理方法,整层或分层开采情况。

波兰是冲击地压影响严重的国家之一,其冲击地压最早记载于 1958 年。目前,所开采的 400 号、500 号、600 号、700 号和 800 号煤层中,45％以上的煤层均具有冲击地压倾向,其中 500 号煤层组最为严重。发生冲击地压的平均采深为 400 m,随着开采深度的增加,冲击危险性越来越严重。冲击地压强度一般为 $10^5 \sim 10^9$ J,最大是 10^{11} J。波兰 67 个煤矿中有 36 个煤矿的煤层具有冲击危险性,1949 至 1982 年共发生破坏性冲击地压 3 097 次,死亡 401 人,破坏井巷 31 万 m。

鲁尔矿区是德国的主要产煤区,也是发生冲击地压严重的矿区。1910 至 1978 年间,共记载了危险性冲击地压 283 次,有冲击倾向性或危险性的煤层 20 多个,其中阳光、底克班克和依达煤层具有最强的冲击倾向性,其抗压强度为 $10 \sim 20$ MPa,煤种为气煤、肥煤和长焰煤等。冲击地压发生深度一般为 $590 \sim 1\ 100$ m,其中 $850 \sim 1\ 000$ m 冲击地压发生数占 75％左右,最大抛出量约 2 000 m^3。发生冲击地压的煤层厚度一般为 $1 \sim 6$ m,主要集中在 $1.5 \sim 2$ m 厚的煤层中,倾角 $4° \sim 44°$。1949 至 1978 年,共发生冲击地压 1 001 次。

世界主要产煤国,至今记录到的煤岩冲击灾害已达 30 000 多起,几乎世界上所有采矿国家都不同程度地受到冲击地压的威胁。

(二)国外冲击地压的研究状况

苏联、波兰和德国是煤矿冲击地压灾害最严重且防治工作最有成效的国家。

1. 苏联

自 1951 年起,苏联地质力学及矿山测量研究院、高等院校和其他研究单位,配合国家技术监察部门与生产单位,一起着手研究解决煤矿冲击地压问题。经过 25 年的努力,基本上形成了一整套防治冲击地压的组织管理体系,制定了相关技术规程,发展完善了行之有效的防治措施和预报方法,并取得了良好效果,冲击次数大为减少。1955～1977 年冲击危险矿井数目由 8 个增至 36 个,而冲击次数由每年 83 次降到 7 次,1980 年以后降到 5～6 次。

2. 波兰

波兰早在 20 世纪 60 年代初期就开始开展科学研究和防治工作。波兰学者首先倡导了煤层的冲击倾向性实验室测定和井下测定。此外,将岩体声学以及地震法用于矿山冲击危险探测和监测方面,居世界领先地位。由于采取了多种综合性防治措施,促进了安全生产。

3. 德国

在德国,产生冲击地压的煤层顶板绝大部分是 5～40 m 厚砂岩或其他坚硬岩层,因而认为砂岩顶板是冲击地压危险煤层的主要标志。

德国是防治冲击地压比较有成效的国家,其防治工作的出发点主要在于应用。由其所发展的钻屑法、钻孔卸压法等冲击地压预测与防治方法已在国际上被广泛使用。

第二节　冲击地压特征

一、冲击地压概念

冲击地压是煤矿开采中典型的动力灾害之一,严重地威胁着煤矿安全生产,世界上主要的采煤国家均发生过冲击地压。冲击地压属于矿井动力现象,是矿山压力的一种特殊显现形式。冲击地压通常是指:煤矿井巷或工作面周围煤(岩)体,由于弹性变形能的瞬时释放而产生的突然、剧烈破坏的动力现象。常伴有煤(岩)体瞬间位移、巨响和气浪等。

一般的矿山压力现象,如冒顶、片帮、底鼓、顶底板闭合、支架折损、围岩应力分布规律等,都具有一定的普遍性。而冲击地压是在特定地质条件下发生的特殊的矿山压力现象,具有突然性的特点,呈现出明显的动力特征,与顶板大面积来压、矿震、煤与瓦斯突出等特殊矿山动力现象相比,其发生机理不同,但可互为诱发因素。因此,冲击地压除具有强破坏性外,还可引发其他矿井灾害,尤其是瓦斯、煤尘爆炸,水灾以及火灾,干扰通风系统。强烈的冲击地压甚至会造成地面建(构)筑物的破坏和倒塌等。作为一种特殊的矿压显现形式,冲击地压已成为我国深部开采矿井的主要灾害,严重地威胁着煤矿安全生产。

在矿井井田范围内发生过冲击地压现象的煤层,或经鉴定,煤层(或其顶、底板岩层)具有冲击倾向性且评价具有冲击危险性的煤层称为冲击地压煤层。有冲击地压煤层的矿井为冲击地压矿井。

开采具有冲击倾向性的煤层,必须进行冲击危险性评价。煤矿企业应当将评价结果报省级煤炭行业管理部门、煤矿安全监管部门和煤矿安全监察机构。

开采冲击地压煤层必须进行采区、采掘工作面冲击危险性评价。

煤层或者其顶底板岩层具有强冲击倾向性,且评价具有强冲击地压危险的,为严重冲击地压煤层。开采严重冲击地压煤层的矿井为严重冲击地压矿井。

二、冲击地压特点

冲击地压的发生会造成支架折损、片帮、冒顶、巷道堵塞、人员伤亡,并伴有巨大的声响和岩体震动。震动频率 $1 \sim 1 \times 10^4$ Hz 及以上,最大震级在 3.8 级以上,甚至在方圆几千米范围内的地面都能感觉到,井下形成大量煤尘和强烈的空气波。在瓦斯煤层中,往往还伴有大量的瓦斯涌出。冲击地压的发生一般没有明显的宏观征兆。相当多的冲击地压是由爆破诱发的,发生时间短暂,持续震动不超过几十秒。在某些情况下,冲击地压发生时还引起巷道底鼓和煤岩压入工作面等现象。

冲击地压作为 21 世纪岩石力学中的难题之一,已成为国内外岩石力学工作者的重要研究内容。尽管世界范围内尚没弄清冲击地压的发生机理,造成冲击地压灾害显现的特点也复杂多样,但都具有以下显著特点。

1. 突发性

冲击地压发生前,一般没有明显的宏观前兆,往往是突然发生并且冲击过程短暂,持续时间为几秒到几十秒,事先难于准确预测发生的时间、地点和强度。

2. 瞬时震动性

冲击地压发生时一般伴有强烈的震动和声响,发生过程急剧而短暂,震动持续时间通常不超过几十秒,震动可波及几千米,甚至地面有震感,地面最大震级可达 4.3 级。

3. 多样性

冲击地压是一种复杂的矿山动力现象,其影响环境、发生地点、微观和宏观上的显现形式多种多样,显现强度和所造成的破坏程度相差很大。

我国冲击地压以煤层冲击最为常见,但也有顶板冲击和底板冲击,少数矿井还发生过岩爆。在煤层冲击中,绝大多数为破碎煤从煤壁抛出,也有个别情况,表现为数十平方米的煤体整体滑移,并伴有巨大声响和冲击波。冲击地压发生时,有的影响范围仅几平方米或者几十平方米,有的波及范围却很广,甚至达几千平方米。有的震动持续几秒钟,有的却持续几十秒。有的仅煤体参与冲击,有的则顶底板参与冲击。

4. 复杂性

在地质条件上,地质构造从简单到复杂,采深从 200~1 000 m,煤层从水平到急斜、从薄层到特厚层,砂岩、灰岩、油母页岩等顶板都发生过冲击地压。在生产技术条件上,不论是水采、炮采、机采或综采,水力法充填或是全部垮落法等各种采煤工艺,不论是短壁、长壁、煤柱支撑式或是房柱式,分层开采或是倒台阶开采等都发生过冲击地压。

第三节　冲击地压分类及危害

一、冲击地压的分类方法

由于对冲击地压发生机理有不同的理论,提出的冲击地压发生条件和判别准则也各不相同。客观上,不同矿井冲击地压的成因和特征也不同,即使同一矿井,地质构造、开采方法和开采条件的差异,也使得冲击地压的性质、成因、特征、震源部位、破坏程度不同。目前,国际上还没有统一的冲击地压分类方法。我国冲击地压的分类方法有:按原岩(煤)体应力状态不同分类;按参与冲击地压的岩体类别分类;按显现强度分类;按震级及抛出煤量分类;按冲击地压的破坏后果分类;按引起地震的震级分类。

以上 6 种冲击地压分类方法,在实际研究及防治工作中均有应用。

上述分类方法在具体矿井冲击地压分类中具有可操作性,所以能够被技术人员和管理人员所接受。但由于我国煤矿分布范围广,开采技术条件不同,煤岩强度、厚度不等,类型多样,因此无法用统一的标准来确定全国的冲击地压类型。

目前,由于对冲击地压的认识还不够充分,对于冲击地压的分类,只能结合矿井(区)的具体情况,按上述分类方法,根据冲击地压发生的实际情况,确定其分类方法及分类标准。

二、冲击地压的分类

1. 根据应力状态分类

根据原岩(煤)体应力状态不同,可分为以下三类。

（1）重力型冲击地压：主要受岩层重力作用，没有或只有较小构造应力影响的条件下引起的冲击地压。

（2）构造应力型冲击地压：构造应力远远超过岩层自重应力，主要受构造应力的作用引起的冲击地压。

（3）中间型或重力-构造型冲击地压：它是受重力与构造应力的共同作用引起的冲击地压。

2. 根据参与冲击地压的岩体类别分类

（1）煤层冲击：产生于煤体-围岩力学系统中的冲击地压，是煤矿冲击地压的主要显现形式。根据冲击深度和强度可分为表面冲击、浅部冲击和深部冲击。

（2）岩层冲击：是高强度脆性岩石瞬间释放弹性能，岩块从其母体急剧、猛烈地抛出来。对于煤体，顶、底板岩层内弹性变形能突然释放，又称围岩冲击。根据发生位置分为顶板冲击和底板冲击，实际上是顶、底板岩层大范围的破断，从而导致的能量释放，主要表现为煤体的破坏和抛出。

3. 根据显现强度分类

（1）弹射：一些单个碎片从处于高应力状态下的煤或岩体上射落，并伴有强烈声响，属于微冲击现象。

（2）矿震：是煤、岩体内部的冲击地压，即深部的煤或岩体破坏。煤岩并不向已采空间抛出，只有片帮或塌落现象，但煤或岩体产生明显的震动，并伴有巨大声响，有时产生煤尘。较弱的矿震称为微震，也称为"煤炮"。

（3）弱冲击：煤或岩石向已采空间抛出，但破坏性不是很大，对支架、机器和设备基本没有损坏；围岩产生震动，一般震级在2.2级以下，并伴有很大的声响，产生煤尘，在瓦斯煤层中可能有大量瓦斯涌出。

（4）强冲击：部分煤或岩石急剧破碎，向已采空间大量抛出，出现支架折损、设备移动及围岩震动，震级在2.3级以上，并伴有巨大声响,形成大量煤尘和产生冲击波。

4. 根据震级及抛出煤量分类

(1)轻微冲击(Ⅰ级):抛出煤量在 10 t 以下,震级在 1 级以下的冲击地压。

(2)中等冲击(Ⅱ级):抛出煤量 10~50 t,震级在 1~2 级的冲击地压。

(3)强烈冲击(Ⅲ级):抛出煤量在 50 t 以上,震级在 2 级以上的冲击地压。

5. 根据综合指数法分类

(1)无冲击地压危险。

(2)弱冲击地压危险。

(3)中等冲击地压危险。

(4)强冲击地压危险。

三、冲击地压的危害

煤矿冲击地压的危害主要表现在造成人员伤亡、破坏生产和影响地面建筑等方面。由于冲击地压发生具有瞬时性,站在底板上的人可能被弹起甩出,或被颠簸的设备挤伤,巷道或工作面抛出的煤块也可能会伤及人员,甚至造成人员被掩埋;冲击地压发生时煤层片帮或抛出的煤块可能会挤倒支柱,顶、底板的剧烈震动会瞬间压坏支架、支柱,使其失去支撑作用,发生倾倒或损坏,输送机、轨道等设备可能被震动、推移和变形;高强度的冲击地压还可能对地表建(构)筑物造成破坏,轻则导致建(构)筑物产生裂隙,重则引起建(构)筑物开裂、倒塌,甚至可能造成灾难性后果。

据统计,中华人民共和国成立前我国发生冲击地压的矿井只有一两个;20 世纪 50 年代增加为 7 个;20 世纪 60 年代为 12 个;20 世纪 70 年代为 22 个;20 世纪 80 年代的 32 个;20 世纪 90 年代的 50 个;到 2015 年已达 177 个。近年来随着开采范围的扩大、开采深度的增加,我国冲击地压矿井数量和冲击次数也随之增加。仅 2003～2008 年,大同、抚顺、北京、华亭、阜新、七台河、义马、平顶山等矿区,因冲击地压而导致的重大伤亡事故就达 20 余起,死伤数百人。

1966～2009 年,仅山东省就有 17 处煤矿发生破坏性冲击地压 3 161 次,死亡 42 人,受伤 93 人,摧毁巷道上万米。近年来,山东省煤矿冲击地压事故不断发生。2003 年 6 月 17 日,山东省某矿发生冲击地压事故,22 人遇险,2 人死亡。2008 年 5 月 13 日,山东省某矿发生冲击地压事故,伤 3 人。2009 年 4 月 3 日,山东省某矿发生冲击地压事故,15 人遇险,1 人死亡。

由图 2-2 可见,我国冲击地压矿井数量与采深呈明显逐年上升趋势。

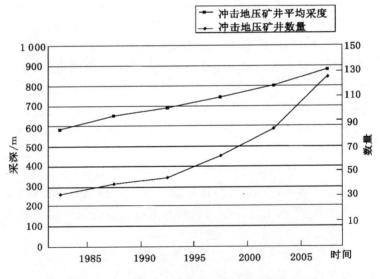

图 2-2　冲击地压矿井数量与采深随时间变化图

2001 年 4 月 25 日 16 时 07 分,辽宁某矿冲击地压事故,引发 2.8 级矿震,造成 2 人死亡,23 人受伤。2006 年 4 月 2 日 19 时 35 分,该矿因冲击地压引发矿震,造成 12 名矿工伤亡,其中 2 人当场死亡,1 人因经抢救无效死亡。2008 年 10 月 8 日 6 时 05 分,该矿 —580 m 水平发生 2.3 级矿震,造成 1 人死亡。破坏严重情况如图 2-3 和图 2-4 所示。

图 2-3 辽宁某煤矿发生冲击   图 2-4 辽宁某煤矿发生冲击
        地压前巷道情况   地压后巷道情况

2007 年 3 月 16 日 14 时,辽宁某矿发生一起冲击地压引发瓦斯爆炸事故,共造成 214 人死亡,30 人受伤,直接经济损失 4 968.9 万元。事故原因是:冲击地压造成大量瓦斯异常涌出,致使回风流中瓦斯浓度达到爆炸界限,工人违章带电作业,产生电火花引起瓦斯爆炸。冲击地压矿难现场如图 2-5 所示。

图 2-5 辽宁某矿矿难现场

2014年3月27日11时18分,河南某矿21032工作面回风上山掘进巷道发生冲击地压,造成6人死亡。事故造成回风上山距下部变坡点50 m处巷道严重破坏,巷道基本合拢,巷中36U合抱柱大部分弯曲,下部车场两道风门被冲击波破坏。冲击地压现场如图2-6和图2-7所示。

图 2-6 河南某煤矿发生   图 2-7 河南某煤矿冲击
冲击地压前现场   地压事故现场

复习题

一、判断题

1. 我国有最早记录的冲击地压矿井,是抚顺的胜利煤矿。
( )

2. 世界上首先报道煤矿冲击地压现象的是英国。( )

3. 随着煤矿开采深度的不断增加,开采强度不断加大,矿井发生冲击地压的分布范围越来越广。河南省义马矿区曾多次发生过冲击地压。( )

4. 冲击地压由于其发生因素复杂、影响因素多、发生突然、破坏性极大,已成为影响煤矿安全的重大课题之一。( )

5. 冲击地压是世界采矿业面临的共同问题,是世界范围内煤矿开采中最严重的自然灾害之一。( )

6. 国际上广泛使用的冲击地压预测与防治方法有钻屑法和钻孔卸压法等。（ ）

7. 冲击地压是煤矿开采中最典型的动力灾害。（ ）

8. 冲击地压严重地威胁着煤矿安全生产,世界上主要的采煤国家均发生过冲击地压。（ ）

9. 冲击地压属于矿井动力现象,是矿山压力的一种特殊显现形式。（ ）

10. 冲击地压发生时可引发瓦斯、煤尘爆炸,水灾和火灾等矿井灾害。（ ）

11. 冲击地压发生时常伴有煤(岩)体瞬间位移、抛出,巨响和气浪等动力现象。（ ）

12. 有冲击地压煤层的矿井为冲击地压矿井。（ ）

13. 冲击地压防治应当坚持"区域先行、局部跟进、分区管理、分类防治"的原则。（ ）

14. 开采具有冲击倾向性的煤层,必须进行冲击危险性评价。（ ）

15. 开采冲击地压煤层必须进行采区、采掘工作面冲击危险性评价。（ ）

16. 冲击地压是一种特殊的矿山压力现象。（ ）

17. 冲击地压的发生时,通常会造成支架折损、片帮、冒顶、巷道堵塞、人员伤亡等现象。（ ）

18. 高强度的冲击地压发生时可能对地表建(构)筑物造成破坏。（ ）

19. 近年来,我国发生冲击地压的矿井数量呈逐年上升趋势。（ ）

20. 冲击地压的危害主要表现在破坏生产、造成人员伤亡和影响地面建筑等。（ ）

二、单选题

1. 冲击地压是矿山压力的一种（　　）显现形式,属于矿井动力现象。

　　A. 一般　　　　　　　B. 特殊　　　　　　　C. 潜在

2. 煤矿（　　）或工作面周围煤（岩）体,由于弹性变性能的瞬时释放而产生突然、剧烈破坏的动力现象称为冲击地压。

　　A. 井巷　　　　　　　B. 顶板　　　　　　　C. 地板

3. 在矿井井田范围内发生过（　　）的煤层,或经鉴定,煤层（或其顶、底板岩层）具有冲击倾向性且评价具有冲击危险性的煤层称为冲击地压煤层。有冲击地压煤层的矿井为冲击地压矿井。

　　A. 冲击地压现象　　B. 矿山压力现象　　C. 地质灾害现象

4. 开采（　　）冲击地压煤层的矿井为严重冲击地压矿井。

　　A. 严重　　　　　　　B. 较重　　　　　　　C. 一般

三、多选题

1. 冲击地压的发生会造成（　　）等现象,并伴有巨大的声响和岩体震动。

　　A. 片帮冒顶　　　　　B. 巷道堵塞

　　C. 人员伤亡　　　　　D. 支架折损

2. 冲击地压灾害具有以下显著特点（　　）。

　　A. 突发性　　　　　　B. 复杂性

　　C. 多样性　　　　　　D. 普遍性

3. 冲击地压按应力状态可分为（　　）冲击地压 。

　　A. 重力型　　　　　　B. 构造应力型

　　C. 动力型　　　　　　D. 中间型

4. 冲击地压按参与冲击的岩体类别可分为（　　）。

　　A. 煤层冲击　　　　　B. 岩层冲击

　　C. 顶板冲击　　　　　D. 地板冲击

5. 冲击地压危险性按综合指数法可分为（　　）。

A. 无冲击地压危险　　B. 弱冲击地压危险

C. 中等冲击地压危险　D. 强冲击地压危险

6. 冲击地压按显现强度可分为(　　)。

A. 弹射　　　　　　　B. 弱冲击

C. 矿震　　　　　　　D. 微冲击

7. 冲击地压发生时常伴有煤(岩)体(　　),巨响和气浪等。

A. 瞬间位移　　　　　B. 缓慢位移

C. 抛出　　　　　　　D. 地震

四、简答题

1. 什么是冲击地压?

2. 冲击地压有哪些特征?

第三章 煤矿冲击地压的影响因素

冲击地压是煤矿开采过程中发生的以突然、急剧、猛烈为破坏特征的一种矿山动力现象,对煤矿开采构成严重威胁。冲击地压的发生与采动影响密切相关,但并不是只要有采动影响就会发生冲击地压。事实上对于同一开采深度条件下,有的矿井发生冲击地压,有的矿井却不发生;有的煤层发生冲击地压,有的煤层却不发生;有的区域发生冲击地压,有的区域却不发生。所以冲击地压的发生原因极其复杂,影响因素又很多,发生突然,破坏性极大,引起国际岩石力学和采矿工程界的广泛关注和投入,并进行了大量研究探讨。

冲击地压的发生是煤岩层内因与外因共同作用的结果。内因是冲击地压煤岩层具有储存大量弹性能,并突然释放的能力;外因是所有能给煤岩层提供大量弹性能积聚的因素以及诱发因素。总的来说可以概括为煤矿地质因素、开采技术条件因素和组织管理措施因素等三大类。

第一节 地 质 因 素

统观国内外冲击地压的发生,影响冲击地压发生的地质因素主要包括原岩应力、煤岩的物理力学性质、煤岩层的结构特点、煤层厚度及其变化、开采深度以及地质构造等。

一、原岩应力

1. 原岩、原岩应力和原岩应力场

地壳中没有受到人类工程活动（如矿井中开掘巷道等）影响的岩体称为原岩体，简称原岩。存在于地层中未受工程扰动的天然应力称为原岩应力，也称为岩体初始应力、绝对应力或地应力。天然存在于原岩内而与人为因素无关的应力场称为原岩应力场。

2. 原岩应力的形成

原岩应力的形成主要与地球的各种动力运动过程有关，包括板块边界受压、地幔热对流、地球内应力、地心引力、地球旋转、岩浆侵入和地壳非均匀扩容等。其中地心引力是最重要的因素，另外原岩体内温度不均匀、水压梯度变化、地表被剥蚀或其他物理化学作用也能影响岩体内应力的大小与分布状态。

在井巷和采场等地下工程结构稳定性分析中，原岩应力是一种初始的应力边界条件，同时原岩应力是引起地下工程结构变形和破坏的力源。

采矿工程中，地下采掘空间对周围岩体内的原岩应力场产生扰动，使得原岩应力重新分布，并且在井巷和采场的围岩中产生几倍于原岩应力的高值应力（所谓的二次应力）。围岩随之变形，随着时间的延长，围岩变形持续扩大，甚至引起围岩破坏或支护物破坏，这就是我们常说的矿山压力显现。由此可见，矿山压力的来源与原岩应力密切相关。

3. 原岩应力分布的基本规律

在计算任何人工开挖的岩体周围的应力分布以前，必须测量或估算开挖前的应力状态。原岩应力主要由岩体的自重应力和构造残余应力所组成。

通过理论研究、地质调查和大量的地应力测量资料，原岩应力分布的主要规律归纳如下：

（1）实测垂直应力基本上等于上覆岩层重力。

（2）水平应力普遍大于垂直应力。

（3）平均水平应力与垂直应力的比值随深度增加而减小。

（4）最大水平主应力和最小水平主应力比值一般较大。

4. 原岩应力对冲击地压的影响

在煤矿地质因素中,对冲击地压发生影响最大、最基本的因素是原岩应力,因为原岩应力决定了煤岩体中存储弹性能的能力。在一定采深的条件下,比较强烈的冲击地压一般会发生在煤系地层中具有高强度的岩层里。井巷周围原岩应力由采深决定,而构造应力则较难预计,断层附近会出现相当大的水平应力,褶皱等构造附近也有类似的情况。

大量开采实践表明,冲击地压矿井的原岩应力通常较大,尤其是水平方向的构造应力,通常比理论计算值要大,有的甚至大几倍。即使是同一矿井,在断层、褶曲、煤层变化带附近,由于水平应力较大,易于发生冲击地压。同时,在一定的采深条件下,由于煤系地层中强度较高的岩层中比较易于存储弹性能,较强烈的冲击地压往往发生在具有较坚硬顶板的煤层中,特别是容易发生在顶板中有坚硬厚层砂岩的煤层中。

二、煤岩的物理力学性质

煤层的物理力学性质是发生冲击地压内在的本质因素,对冲击地压的发生具有双重作用。一方面能把发生冲击地压所需的大量能量储存起来,另一方面又能发生脆性破坏,并瞬间释放弹性能。煤岩的弹性、脆性和冲击倾向是最关键的因素。

1. 坚硬煤岩体内积聚大量的弹性能

纵观国内外发生冲击地压煤层的物理力学性质,有以下共同特征:煤质硬而脆,自然含水率低。单轴抗压强度一般高于 20 MPa,弹性模量一般大于 3×10^3 MPa。从煤层的自然含水率看,具有冲击危险性的煤层,自然含水率通常较低,最大不超过 4%。这是煤层能够积聚弹性能的前提条件和基本特征。有冲击地压危险的煤层还表现出强烈的脆性,即在破坏前主要为弹性变形,它可以在经过一段时间之后没有明显塑性变形的迹象而突然破坏。我国主要冲击地压矿井煤层的单轴抗压强度通常大于 15 MPa,弹性模量大于 2.2×10^3 MPa,煤质比较坚硬,脆性。

2. 煤岩体内瞬间释放大量的弹性能

煤的抗压强度较高,受压变形时弹性变形较大的煤层就能够储存大量弹性能而不破坏;而煤的脆性较高时,煤就容易突然破坏。因此,冲击地压煤层煤的力学性质决定了它具有储存大量弹性能而产生突然破坏的属性,也就是我们所说的冲击倾向性。煤层具有冲击倾向性是发生冲击地压的必要条件。

由于有冲击地压危险的煤层弹性变形大,积累了大量的弹性变形能,特别是在靠工作面边缘部位的煤层,处于支承压力峰值区的煤层在支承压力作用下,处于三向受压状态时,积累的弹性能就更大,要求恢复受压状态前的状态也更强烈。一旦外侧巷道或采场附近进行开掘作业,就会使处于三向受力状态而且应力早已超过其本身强度并积蓄了大量弹性变形能的煤层,借以本身的弹性恢复力量,迅速地使变形能转化为动能而发生冲击式的脆性破坏,并伴随声响和震动,冲击地压就发生了。

3. 煤岩体的物理力学性质对发生冲击地压的影响

冲击地压的发生与煤岩体的物理力学性质密切相关,冲击地压发生的必要条件是煤岩体积聚较多的弹性能,弹性大、脆性大是冲击危险煤层的基本特征。

煤岩体的强度大、弹性好,冲击地压的倾向性就高,但并不是说强度小、弹性差的煤层就不会发生冲击地压。一般说来,煤质中硬,较均质致密,裂隙层节理较不发育的煤层容易发生较大型冲击地压;煤质中硬以下,弹性、脆性较大,光泽较强的煤层容易发生小型冲击地压;硬度很大的煤层较不容易发生冲击地压。生产实践与试验研究均证明如下:在较高的围岩压力条件下,任何煤层中的巷道或工作面均有可能发生冲击地压;煤的强度越高,引发冲击地压的可能性就越大。

沉积岩具有孔隙多、裂隙发育的特点,因而能够吸收水分。煤岩一经湿润,减弱了内部颗粒间的黏聚力,增加了塑性,改变了原来的弹性性质。因此煤岩含水量增加,冲击危险就减少。

三、煤岩层的结构特点

煤层顶、底板越坚硬,煤体越容易积聚能量。当其他条件相同时,顶、底板对煤层夹持得越紧,煤层变形的冲击性就越强。

1. 坚硬的煤层顶板

综合分析我国大量冲击地压矿井煤岩层结构特点可以看出,具有冲击危险性的煤层,其上部通常有一层厚度不小于 10 m 的岩层,且较坚硬,特别是基本顶为厚砂岩或其他坚硬岩层时。煤层上方坚硬、厚层砂岩顶板是冲击地压发生的主要条件之一,其主要原因是坚硬厚层砂岩顶板容易积聚大量的弹性能,在坚硬顶板破断或滑移过程中,大量的弹性能突然释放,形成强烈震动,导致冲击地压发生。

煤层顶板坚硬,具有强冲击倾向性。工作面前方支承压力的大小与采空区悬露面积有关。由于煤层顶板坚硬,工作面回采不易垮落,容易形成大面积悬顶,使煤体承受较高的支承压力,易于发生冲击地压。例如大同矿区主采的 11 号煤层和 12 号煤层,其顶板绝大部分岩层单向抗压强度均在 100 MPa 以上,强度高,且均具有强冲击倾向性。

厚层坚硬顶板的悬露下沉首先表现为煤层的缓慢加压或压缩,经过一段时间后可以集中在一天或几天内突然下沉,载荷极快上升达到很大值。在悬露面积很大时,不仅本身弯曲积蓄变形能,而且在附近地层中形成支承压力,并集中作用在煤柱或煤壁上,造成煤壁或煤柱上的超高应力集中,使得煤体聚集大量的弹性能,为冲击地压的发生提供必要条件。当基本顶折断时,还会造成附加载荷,并传递到煤层上,通过煤层破坏释放变形能(包括位能),产生强烈的震动,引起冲击地压。在冲击地压发生的过程中,由于煤体损坏,支撑力不足,而导致顶板弯曲、断裂,释放的弯曲变形能参与了冲击地压的显现,对煤体的冲击起到推波助澜的作用,增大了冲击地压的危害性。

例如,大同忻州窑矿冲击地压事故发生区的顶板大部分为厚层整体砂岩,从已发生的 35 次冲击地压区段的顶板来看,其中粗粒砂岩中出现 20 次,占 57%;细砂岩顶板中出现 10 次,占28.6%。

我国大多数冲击地压矿井的煤层顶板都十分坚硬、难垮,顶板岩层中容易积聚大量的弹性能。

2. 坚硬的煤层底板

煤层底板强度对冲击地压具有显著影响,底板坚硬使冲击危险煤层更具有冲击危险性。冲击地压案例中不仅顶板而且底板都可能参与冲击地压的显现,冲击时不是顶板单个分层简单的位移,而是由于卸压时岩石的膨胀产生震动过程造成的顶、底板岩石瞬间靠拢。冲击能量来自煤层和围岩的共同作用。

3. 顶底板对煤层的夹紧程度

冲击地压的发生,必然有大量的弹性能释放出来。因此,由底板-煤层-顶板组成的煤岩结构体必然在冲击地压发生前积聚大量弹性能,尤其是坚硬厚顶板岩层中更易存储弹性能。当其他条件相同时,顶、底板对煤层夹持得越紧,煤层变形的冲击性就越强,而煤层的夹紧程度首先取决于顶板悬梁的大小。事实也表明,冲击地压发生的主要因素之一就是坚硬厚层顶板大量弹性能的积聚,从而使煤岩体破坏过程中以突然、急剧、猛烈的形式释放出多余的能量。在坚硬顶板破断过程中或滑移过程中,大量的弹性能突然释放,形成强烈震动,导致冲击地压或顶板大面积来压等动力灾害的发生。

4. 冲击地压矿井煤岩的结构特征

通过综合分析我国发生冲击地压矿井煤岩的结构特征可以发现,冲击地压煤岩体典型的宏观结构特征主要表现为两方面:其一是硬顶-硬煤-硬底结构;其二是硬顶-薄软层-煤层结构,即在煤层与顶板岩层之间存在薄软层结构,并且冲击地压多在煤层结构变化、煤岩层具有一定倾角的条件下发生。

四、煤层厚度及其变化

1. 煤层局部厚度变化对应力场的影响

(1) 煤层厚度局部变薄和变厚所产生的影响不同。煤层厚度局部变薄时,在煤层薄的部分,铅垂地应力会增加;煤层厚度局部变厚时,在煤层厚的部分,铅垂地应力会减小,而在煤层厚的部分两侧的正常厚度部分,铅垂地应力会增加。而且煤层局部变薄和变厚,产生的应力集中的程度不同。

(2) 煤层厚度变化越剧烈,应力集中的程度越高。

(3) 当煤层变薄时,变薄部分越短,应力集中系数越大。

(4) 煤层厚度局部变化区域应力集中的程度与煤层和顶、底板的弹性模量差值有关,差值越大,应力集中程度越高。

2. 煤层厚度的变化对形成冲击地压的影响

有关煤层厚度及其变化对发生冲击地压的影响,根据统计分析,冲击危险程度与煤层厚度及其变化紧密相关,煤层越厚,越容易发生冲击地压,冲击破坏越强烈。据波兰的统计资料,厚 4~8 m 的煤层比在 1~2 m 厚的煤层中发生冲击地压的次数多 6 倍。而煤层厚度的变化对形成冲击地压的影响往往要比厚度本身更为重要,在厚度突然变薄或变厚处,往往易发生冲击地压,因为这些地方的支承压力增高,如图 3-1 所示。在煤层厚度突然变薄或变厚区域,垂直地应力也会发生相应变化,比煤层厚度稳定的地方更容易发生冲击地压。例如,四川天池煤矿发生的 28 次较大的冲击地压事故中,就有 14 起发生在煤层厚度突然变化的区域,比例高达 50%。

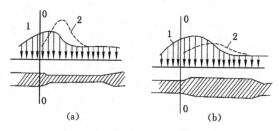

图 3-1　煤层厚度变化对工作面附近应力再分布的影响
(a) 煤层变薄;(b) 煤层变厚
1——变化前;2——变化后

五、开采深度

矿井不是在开始投产时就发生冲击地压,而是在开采到一定深度后才发生冲击地压。随着开采深度的增加,煤岩体中的自重应力也随之增加,煤体也越容易变形和积聚大量的弹性能,冲击地压发生的可能性也随之增大。

1. 国外开采深度与冲击地压发生关系的研究

国外开采深度与冲击地压发生关系的研究表明,开采深度越大,冲击地压发生的可能性也越大。波兰煤矿开采深度与冲击地压发生次数的关系如图 3-2 所示,图中横坐标为采深,纵坐标为冲击指数 W_t,即开采百万吨煤炭的冲击地压次数。从图中可以看出,当采深 $H \leqslant 350$ m 时,发生冲击地压的可能性较小;350 m $<$ $H \leqslant 500$ m 时,在一定程度上危险逐步增加;采深从 500 m 开始,随着开采深度的增加,发生冲击地压的次数急剧增加,冲击危险性急剧加大;当采深为 800 m 时,冲击指数 $W_t=0.57$,比采深为 500 m 时($W_t=0.04$)增加 13 倍多。

2. 国内煤矿开采深度与冲击地压发生关系的研究

国内开采深度与冲击地压发生关系的研究表明,发生冲击地压最小深度一般为 200~540 m,平均为 380 m 。从 500 m 开始,

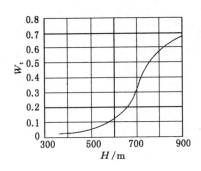

图 3-2 波兰采深与冲击地压的关系

随着开采深度的增加，冲击地压的危险性急剧增长，至 800 m 冲击危险性增长趋势减缓，至采深非常大时（1 200～1 500 m），冲击危险值将达到最大。

我国四川天池煤矿开采深度与冲击地压发生的关系如图 3-3 所示，图中纵坐标为冲击地压次数，横坐标为开采深度。从图中可以看出，采深 700 m 时发生冲击地压的次数大大高于采深 400 m 时的次数。

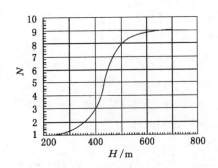

图 3-3 天池煤矿采深与冲击地压的关系

六、地质构造

1. 构造主应力是产生冲击地压的诱因

地层的多次运动形成了各种各样的地质构造,如断层、褶曲等。在这些地质构造区附近,存在着地质构造应力场,通常使煤岩体的构造应力,尤其是水平构造应力增加,改变了煤岩的应力状态,直接或间接地对冲击地压造成影响,导致冲击地压容易发生。大量冲击地压实例表明,冲击地压常常发生在向斜轴部、断层附近、煤层倾角变化带等地质构造应力带。当采掘方向与构造主应力方向近似垂直时,最容易发生冲击地压;当采掘方向与构造主应力方向近似平行时,冲击地压发生次数相对较少。因此,构造主应力的方向以及大小对冲击地压有着重要的影响。

2. 地质构造对冲击地压的影响

(1) 断层对冲击地压的影响

当采掘推进到断层附近时,因顶板被切断,失去传递力的作用,工作面前方顶板岩层将给工作面和断层间的煤柱造成加压、产生较高的应力集中,并引起大范围的顶板运动,煤岩体很容易在断层附近发生冲击地压,这已被大量的现场事实所证实。此外,在采掘工作面推进至断层附近时,还会引起断层本身的突然错动。

断层附近往往残存有因地壳运动形成的构造应力,该应力与开采引起的应力集中叠加,容易形成岩体震动。其中在断层的上盘开采时的震动能量大于断层下盘开采时的震动能量。

(2) 褶曲对冲击地压的影响

由于褶曲是岩层在水平应力作用下挤压形成的,因此褶曲区域也具有较高的水平应力。在褶曲边缘部位,煤层走向和倾向变化处,特别是向斜轴升起的煤层转折处,也是冲击地压容易发生的区域。

一般情况下,对于巷道及采煤工作面来说,在褶曲的各个部位,出现的危险性是不一样的,如图 3-4 所示。在褶曲向斜部分,其应力状态垂直为压力、水平为拉力,容易出现冒顶和冲击地压;在褶曲背斜部分,其应力状态为垂直拉力、水平压力,是最大矿山压力区域;在褶曲翼部,其铅垂应力和水平应力均表现为压应力,也容易出现冲击地压。

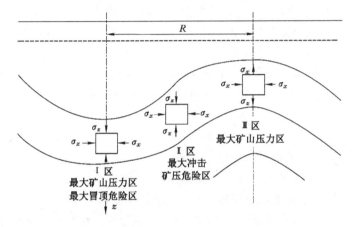

图 3-4　褶曲部分的受力状态及冲击危险性

第二节　开采技术因素

冲击地压大多数发生在巷道内,采煤工作面则发生较少,但是在特殊情况下,冲击地压可能同时在巷道和采面发生。矿井开拓方式不同、采煤方法不同、巷道布置形式不同、顶板管理方法不同,煤岩体在掘进和采煤过程中矿山压力及其分布规律也显著不同,发生冲击地压的危险性也不同。因此不同的开采技术条件下,煤岩层发生冲击地压的危险性也具有一定差异。

一、开拓方式和巷道布置

为了实现对冲击地压煤岩层的合理开拓布置,在开采设计阶段,就应该正确地、最大限度地选择合理的开采布置和最大限度地限制在采场或巷道附近形成高度应力集中。

1. 巷道布置

巷道布置方式直接关系到煤柱的位置、尺寸,更直接影响煤柱附近(更包括煤柱上、下煤岩层)煤岩体的应力分布,甚至导致冲击地压的发生。冲击地压煤层中的所有巷道应布置在应力集中圈外。

冲击地压煤层的开采布置和采煤方法的选择首要考虑的是规则地进行采煤,主要表现为不留或少留煤柱,尽可能保证工作面成直线,不使煤层有向采空区突出的地段,在煤层中掘巷量最少,限制采场和巷道附近的应力集中,等等。

2. 采掘顺序

采掘顺序直接影响煤岩层矿山压力的分布与大小,也直接影响冲击地压的发生。因此,正确地选择、设计合理的开采顺序对减少冲击地压是至关重要的,要最大限度地限制在采场和巷道附近形成危险的应力集中带。多煤层同时开采的情况下,应当合理配置开采顺序,以便把因相邻煤层的开采所增加的冲击危险降低到最小限度。

(1) 煤层群开采

在开采煤层群时,特别是近距离煤层群时,不同煤岩层之间存在着相互影响的情况。这种相互影响在一定条件下就会导致煤岩体处于极限应力状态或出现高度的应力集中,最终发生破坏性的冲击地压。因此,正确的开采顺序与煤层冲击倾向性、煤层群的解放层开采等紧密相关。第一个开采的煤层应该是能够卸压的煤层,而且没有煤的冲击倾向性或为弱冲击倾向性。此外,在开采解放层时,应考虑煤层之间的间距、顶底板岩性、采空区处理方式等,因为这些决定着解放层的卸压方式和卸压程度。

通常情况下煤层群开采采用下行或上行单向开采方法,严禁上、下煤层同时开采。即上层煤开采结束后,待煤岩体应力重新分布且稳定后再开采下层煤,这样能够保证下层煤在上层煤充分采动的条件下开采,将有利于下层煤应力的平稳与降低,从而起到降低冲击危险的目的。若采用上行开采,下层煤的开采将有利于对上层煤的解放,使其应力降低,从而降低冲击危险性;如果上、下煤层同时开采且相互影响,煤岩体的应力将发生叠加,应力集中强度增大,冲击危险性增大。为了抑制冲击地压的发生,在开采煤层群时,先开采不容易发生冲击地压的煤层,避免两个工作面相向开采,避免上下层同时开采。

(2)单一煤层开采

单一煤层开采时,巷道或采煤工作面的相向推进、在采煤工作面或煤柱中的支承压力带内掘进巷道、在工作面向采空区或断层带推进等,都会使应力发生叠加,从而引起冲击地压的发生。在距采空区 15～40 m 的应力集中区内掘进巷道时,或两个采面相向推进时及两个近距离煤层中的两个采面同时开采时,经常引起冲击地压的发生。因此为了抑制冲击地压的发生,在开采单一煤层时,禁止留设孤岛工作面,禁止在煤柱区内掘进。

3. 冲击地压经常发生的区域

在煤层中布置多个采煤和掘进工作面时,工作面布置方式和采掘顺序将强烈影响煤岩体内的应力分布,也直接影响冲击地压的发生。生产矿井中,冲击地压经常发生在下列情况下:

(1)工作面向采空区推进时;

(2)在距采空区 15～40 m 的应力集中区域内掘进巷道;

(3)两个工作面相向推进;

(4)两个近距离煤层中的两个工作面同时开采。

二、采煤方法

冲击地压煤层采煤方法的选择首要考虑的是规则地进行采煤,主要表现为不留或少留煤柱,尽可能保证工作面成直线,不使煤层有向采空区突出地段。

1. **短壁式开采法**

通常情况下,短壁开采体系(如房柱式、刀柱式等)的采煤方法由于采掘巷道多、巷道交岔多、各种煤柱多,因此所形成的支承压力多重叠加,极易导致冲击地压的发生。例如,房柱式开采法因顶板长时间不能垮落,矿山压力随工作面继续推进而增加,顶板下沉和底板鼓起也随之增大,这就大大增加了冲击地压发生的可能性。煤层或矿柱上的不均匀载荷及其应力松弛可能使一些矿柱上应力水平提高很大,成为导致冲击地压的附加因素。这里还必须考虑到自由面在应力波的多次反射中的影响,以及由此造成的应力强度放大作用。

厚煤层在开采首分层的条件下,由于支承压力峰值距煤壁较近,且应力集中系数较大,往往容易发生冲击地压,而采用一次采全高综放开采后,由于支承压力相对远离煤壁,且应力集中程度下降,冲击地压发生强度和次数显著降低。

2. **长壁式采煤法**

大量实践表明,长壁式采煤方法是冲击地压煤层抑制冲击地压发生最有利的采煤方法。长壁式采煤方法包括走向长壁采煤法和倾斜长壁采煤法。长壁式采煤法普遍适用于各种倾角与各种厚度的煤层。

(1)走向长壁式采煤法

它是长壁式工作面沿煤层倾斜方向布置,沿煤层走向方向推进的长壁采煤方法。此种采煤方法将采区沿倾向划分为若干长条带形的区段。沿煤层在区段的下部标高水平布置运输平巷,在区段的上部标高水平布置区段回风平巷。采煤工作面的开切眼沿煤层倾斜布置在两条区段平巷之间,煤炭开采时,采煤工作沿煤层走向方向推进。根据工作面推进方向不同,分为由采区边界向中央推进的后退式和由采区中央向边界推进的前进式两种。走向长壁式采煤法能适应不同倾角的煤层,生产系统较简单,通风安全条件也较好,是中国最主要的煤炭地下开采方法。

（2）倾斜长壁式采煤法

它是长壁工作面沿煤层走向布置,沿煤层倾斜方向推进的采煤方法。这种方法把采煤工作面沿走向布置于煤层中,两侧沿煤层倾斜布置为工作面运输巷和回风巷道。倾斜长壁式采煤法按长壁工作面推进方向不同分仰斜长壁式采煤法和俯斜长壁式采煤法两种。如煤质较硬或顶板淋水较大,一般宜用仰斜长壁式采煤法开采,工作面采用沿倾斜向上仰斜推进;如煤层厚度大,煤质松软容易片帮,宜用俯斜长壁式采煤法开采,工作面采用沿倾斜向下俯斜方向推进。采煤工作面一般应朝大巷方向推进,即水平大巷上方的煤层用俯斜方式开采,水平大巷下方的煤层用仰斜方式开采,以利于工作面通风和巷道维护。倾斜长壁式采煤法的生产系统很简单,采面长度保持不变,掘进率低,采出率高且生产能力较大。只要煤层条件适合,可获较好的经济效果。这种方法主要用于煤层倾角较小的近水平煤层。

三、采空区与煤柱

采空区和煤柱对引发冲击地压的影响是复杂的,多样的。

1. 采空区对冲击地压的影响

（1）老采空区

当工作面接近已有的采空区,其距离为 20～30 m 时,冲击地压危险性随之增加。如果工作面旁边有上区段的采空区,该采空区也使冲击地压的危险性增加,危险最大的位置距煤柱 10 m 左右;当采面接近老巷约 15 m 时,冲击地压的危险性最大。

残采区和停采线对冲击地压发生影响较大。从统计结果看,89％的冲击地压发生在残采区、停采线、断层区域和煤层超采的地方。相邻工作面切眼、停采线应对齐,避免出现梯形、三角形或锯齿形等不规则煤柱。

（2）新采空区

在煤层开采面积增加的情况下,岩体的震动能量也随之增加。岩石破坏时释放的原先所存储的应变能的速度也随工作面推进的跨度增大而增加,一直到跨度达到顶、底板闭合为止,释放速度才缓慢下来。研究表明,当开采面积达 3×10^4 m² 时,释放的单位面积的震动能量最大。对一个开采区域而言,随着采空面积的增大,发生冲击地压的强度和次数也逐渐上升,当采空面积达到一定值后,发生冲击地压的强度和次数也达到峰值。例如,枣庄陶庄矿177 次破坏性冲击地压的观测研究表明,90％以上的冲击地压发生在采场支承压力带,而发生时间多在工作面来压期间,表现出顶板中积蓄的变形能通过煤层破坏以动能形式释放参与冲击的特性。当顶板岩梁将要折断时,应力将在岩梁断裂处集中;在顶板岩梁折断过程中,煤岩体实质上是在承受动载的作用;当岩梁完全折断后,应力又突然下降。在此过程中,由于煤岩体的应力条件发生改变,最易发生冲击地压。

2. 煤柱对冲击地压的影响

（1）煤柱对冲击地压的影响

煤柱附近煤体应力集中程度大,是产生应力集中的地点,发生冲击地压的可能性也较大。孤岛形和半岛形煤柱可能受几个方向集中应力的叠加作用,如图 3-5 所示。从图 3-5 中可以清楚地看到,煤柱附近煤体应力集中程度大,因而在煤柱附近最易发生冲击地压。煤柱上的集中应力不仅对本煤层开采具有影响,还会向相邻煤层传递,对相邻煤层的应力条件构成影响,甚至导致冲击地压的发生。

开采煤柱容易引起冲击地压,特别是回收煤柱的工作面接近采空区时。根据以往的经验,煤柱剩余宽度约为其高度的 10 倍时最危险。由于开采布局不合理而形成的孤岛形或半岛形采区和煤柱,在采煤过程中不但冲击地压发生次数多而且强度大。由于开

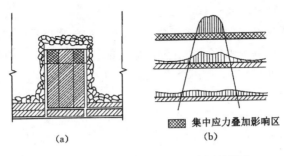

集中应力叠加影响区

图 3-5　煤柱集中应力分布及对下层的影响

(a) 三面采空(半岛)状态；(b) 煤柱支承压力对下层的影响

采顺序不合理而人为形成半岛形工作面或煤柱,采煤时冲击地压频繁,成为冲击地压发生密集区。例如,唐山某煤矿在开采三面采空的半岛状煤带时,发生了 6 次强烈冲击地压,其中一个采煤工作面在一个月内就发生了 3 次强烈冲击地压。

(2) 开采冲击地压煤层煤柱留设原则

开采冲击地压煤层时,煤柱留设应遵循以下原则。

① 进行开采设计时,应选择不留置煤柱、少掘巷道的设计方法。

② 缓倾斜或倾斜煤层在采取行之有效的安全措施的前提下,应采用无煤柱或小煤柱护巷布置巷道。

③ 开采巷道必须留设煤柱时,煤柱形状要规则,不得留有锐角。护巷煤柱的宽度要尽量小,留设 3～5 m 宽的护巷煤柱时是较容易维护的,从防冲的角度来讲,煤柱越窄对防冲越有利。

④ 开采冲击地压煤层时,不应在采空区留煤柱。如果在采空区留煤柱,必须将煤柱的位置、尺寸以及影响范围标在采掘工程图纸上。

第三节 管理因素

冲击地压是在特定的自然地质条件和生产技术条件按一定方式组合的情况下发生的,生产集中程度高、开采设计不合理或防治措施落实不到位等,都会增加冲击地压发生的概率。为有效地减少或杜绝冲击地压灾害的发生,应根据实际情况从开采设计、顶板管理、安全防护、安全教育和培训等方面制定科学有效的冲击地压预防和治理措施,并将措施落实到位,做到全体职工共同参与,确保矿井安全生产。

一、开采设计

1. 开采设计不当的危险性

不同的开采设计有不同的巷道布置和回采工艺,其顶板管理方法也不同,由此产生的矿山压力的大小和分布规律也不相同。若采区内工作面的接替顺序、停采线位置、相邻区段留设煤柱尺寸等因素安排不当,开掘巷道较多、遗留煤柱较多,则容易造成顶板不能及时垮落,造成大面积悬顶,将导致煤岩体应力高度集中,从而容易产生冲击地压。

因此,合理的开采布置与正确的开采方法对避免形成高度应力集中、防止积累大量能量、防止冲击地压的发生极为重要。

2. 正确开采设计要求

限制冲击地压危险增加的最基本的原则是少掘巷道,而且主要的巷道尽量布置在岩石之中。

冲击地压煤层的开采设计选择首先要考虑的是能够整齐、干净地进行回采,不留或少留煤柱,尽可能保证工作面呈直线,不使煤层有向采空区突出地段,在煤层中掘巷量最少,限制采场和巷道附近地应力集中。因此对开采设计管理提出以下要求。

(1) 优化巷道设计

巷道应避免布置在支承压力峰值位置或构造应力影响带内。采区集中巷应布置在无强压危险的煤层或岩层中,尽量增加采面走向长度和倾斜宽度,减少分区煤柱和阶段煤柱。凡能连续开采的就不要分区,避免煤柱形成高集中应力区。永久硐室不得布置在具有强矿压危险的煤层中。在构造应力影响范围内,采煤工作面不应垂直于构造方向布置,应尽量与断层面、向背斜轴等构造平行或减少夹角。

(2)合理设计生产布局

科学安排开采顺序,避免人为形成孤岛、半孤岛等高应力集中区。缓倾斜煤层开采时要遵循先开采上部煤层再开采下部煤层,必须沿倾斜方向采取上行或下行开采,依次逐段开采,不得跳采。矿井一翼内各采区应从一侧向另一侧逐区开采,不得间隔开采,相邻的工作面应向同一方向推进,不得相向对采;两翼开采矿井必须一翼回采一翼备采。

采掘工作面不得布置在上覆煤层孤岛型煤柱、残柱向下传导的应力高度集中的影响范围内。同一煤层的同一区段在应力集中的影响范围内不得布置两个工作面同时回采。应避免近距离平行双巷同时掘进,无法避免时两个掘进面前后的错距不小于 50 m。所有巷道应尽量布置在应力集中区域外,严禁在同一煤层同一翼布置采煤工作面和掘进工作面。

合理确定工作面切眼和停采线位置。相邻工作面切眼、停采线位置尽可能对齐,避免出现梯形、三角形或锯齿形等不规则煤柱。在同一采区的不同工作面按顺序进行开采,尽量避免形成孤岛工作面。同一采区各工作面应向同一方向推进,避免相向回采。

二、顶板管理

顶板本身不仅是载荷的一部分,而且还能传递上部岩层重力。顶板控制方法不同,煤体的支承压力也不一样,对冲击地压的影响也不一样。调查表明,非正规采煤法的采区冲击地压次数多,强度大;水砂充填法次之;全部垮落法的次数少、强度弱。因此,顶板管理应尽量采用全部垮落法,工作面支架要采用具有整体性和防护能力的可伸缩性支架。

1. 煤柱支承法控制顶板

煤柱支承法控制顶板时,由于煤柱承受整个开采空间上覆岩层的重力,煤柱上集中应力很大,不但在煤柱本身上易发生冲击地压,而且对下层煤开采造成困难,也易发生冲击地压。

例如,门头沟煤矿因顶板管理问题,在 20 世纪 60 年代至 80 年代初,长期采用刀柱式采煤方法,由于在采空区中留存大量煤柱形成对顶板的支撑,造成大面积悬顶和高应力集中,多次发生冲击地压。尤其是在上层煤留有煤柱时,对下层煤形成传递支承压力,加之本层煤的支承压力作用,往往造成冲击地压的发生。

2. 全部垮落法管理顶板

在开采具有冲击倾向性的厚煤层时,最好是沿顶板采用垮落法先采第一分层,该分层对于其他分层来说,起到解放层的作用。煤岩层在采动后,应力状态发生改变。尤其是顶板岩层,由于采空区的存在,顶板发生弯曲。一般而言,厚度越大的坚硬岩层,越不容易垮落,因此形成的顶板的悬伸长度也就越大。所以在具有一定厚度的坚硬顶板岩层条件下,由于悬顶大而使顶板中积聚的弯曲弹性能多,因顶板断裂导致弹性能释放并发生冲击地压的可能性很大。

例如,大同忻州窑矿采用全部垮落法管理顶板,但具有十分坚硬的厚层砂岩顶板,回采后顶板岩层不能及时垮落和接顶,形成大面积悬空顶板,从而积聚大量的弹性能,为冲击地压的发生提供了能量条件,常常发生冲击地压。后来采用爆破方法处理顶板后,由于顶板中的弹性能能够及时释放,冲击地压发生次数和强度均显著下降。

3.巷道顶板管理

巷道支护方式选择不当、支架参数选择不合理,极易导致冲击地压的发生。例如,棚式支架(如梯形支架、拱形支架)受力不均,且为被动支护,部分采用锚杆支护虽然克服了棚式被动支护的缺点,若锚杆参数选择不合理,或者片面注重巷道的局部治理,而忽视了顶、帮及底板是一个整体结构的重要性,都容易诱发冲击地压。

三、采掘生产

采掘生产对冲击地压的影响是复杂的,引发冲击地压的原因更是多样的,但最突出的表现主要有两个方面:一方面是因为开采导致煤岩体的应力迅速增加,在一定区域、一定范围内形成高应力集中带,为冲击地压发生提供了积蓄能量的条件;另一方面,原本具有高应力的煤岩体或接近极限状态的煤岩体,在采掘造成周边应力状态的急剧变化和煤层约束条件的改变,以及爆破产生的动载荷作用下,诱使冲击地压发生。

1.采高

采煤工作面的采高大小对冲击地压的影响也是非常大的。采高的增加,将使顶板的坚固性下降,该层顶板引起的震动强度将会降低;而降低采高则可使顶板的坚固性增加,在其破断时将会释放更大的能量,从而导致冲击地压的发生。

2.推进速度

采煤工作面的推进速度与低能量的矿山震动之间存在着明显的关系,即工作面的推进速度越快,产生的矿山震动就越多,发生冲击地压的可能性就增加;反之当采煤工作面推进速度为匀速时,产生的矿山震动就少,发生冲击地压的可能性就低,因此采煤工作面匀速推进对防止冲击地压的发生是有利的。

3.采掘活动的因素

(1)炮掘、综掘与冲击地压的关系

炮掘:钻眼爆破的过程就是压力释放的过程。但是爆破震动又有可能引发冲击地压发生。

综掘:综掘机掘进速度快,应力变化快,易发生冲击地压。

（2）综放开采与冲击地压的关系

综放开采是目前特厚煤层较为先进的采煤方法。采用高强度液压支架管理工作面顶板,采煤机割煤,自然垮落法管理采空区的顶板,巷道采用先进的锚网索梯联合支护,这种采煤方法有利于防止冲击地压的发生。一是可以布置长距离大工作面,采区个数减少,使得矿井生产布局及开采程序更加合理。二是矿井区间煤柱减少,无区段间煤柱,区内条带间实现无煤柱开采,采空区内不残留煤柱及支柱,煤柱高应力区大幅度减少,采区内部也不会形成新的应力集中区。三是工作面液压支架强度高,具有可缩性,采空区采用自然垮落法管理顶板,有利于释放顶板内积聚的大量弹性能。

（3）相向采掘与冲击地压的关系

两个工作面相向掘进或两个工作面相向采掘时,接近 100 m 左右应力叠加,特别是煤柱区域内,易发生冲击地压。

采掘工作面多而又过于集中,采掘活动互为影响,易发生冲击地压。

四、安全防护

对于冲击地压煤层开采,应按相关规定采取一系列冲击地压预测与防治措施,避免冲击地压发生或保证将冲击地压发生的危害降低到最低限度。如果在实际冲击地压的预测与防治实践中,没有按有关规定采取必要的措施和用监测仪器进行预测,没有选择有效的冲击地压防治措施,则有可能导致冲击地压的发生。安全防护就是采取适当的技术和安全防护措施避免冲击地压发生或保证将冲击地压发生的危害降低到最低限度。

冲击地压矿井要建立自上而下组织关系完善的防冲击管理体系和职责明确的防冲击责任体系,做到管理到位、责任明确。具体安全防护需重点注意以下要求。

（1）采区设计和开采设计、掘进作业规程设计的巷道断面和高与宽必须符合要求。

（2）优先选用组合锚杆、锚索"主动型"支护方式；金属支架必须要有可缩性；增加支护强度；加强对冲击灾害特别危险区域的支护和维护。

（3）加强瓦斯监测监控，加强通风、防尘和机电管理。

（4）在评价为具有强冲击危险的区段进行爆破作业时，撤人范围、警戒地点、躲炮距离和时间都必须在作业规程中明确规定，并严格遵照执行。

五、安全教育和培训

对全体职工进行必要的防冲知识的普及和培训，以提高职工对冲击地压灾害的认识，避免冲击地压发生或保证将冲击地压发生的危害降低到最低限度。如果在实际冲击地压的预测与防治实践中，安全教育和培训不到位，作业人员违章作业，则是发生冲击地压的人为因素。

安全教育和培训需重点注意以下要求：

（1）对全体从业人员培训矿压基础知识的内容有：冲击灾害影响因素、产生条件；熟知易发生矿压灾害的地点、矿压灾害发生时的现象和特征、存在的危害和需要采取的防护措施、避灾路线、应急救援预案；《煤矿安全规程》、采掘作业规程、相关岗位操作规程。

（2）对安全生产管理人员和工程技术人员培训的内容有：冲击地压灾害的成因、机理和影响因素，矿压灾害发生的规律；矿压灾害监测预警方法和应采取的综合防治措施；《煤矿安全规程》、各级主管部门关于矿压防治的规定。

（3）实际岗位技能培训有：各项防范措施、解危措施、监测预警技术实际操作。检测人员掌握各种监测预警方法的原理、作用、适用范围、实施步骤、操作方法；仪器仪表安装、使用维修技能，参数设定，现场监测，信息传输，数据整理，分析判断。

复习题

一、判断题

1. 冲击地压是煤矿开采过程中发生的以突然、急剧、猛烈为破坏特征的一种矿山动力现象。（　　）

2. 在煤矿地质因素中，对冲击地压发生影响最大、最基本的因素是地质构造。（　　）

3. 冲击地压的发生是煤岩层内因与外因共同作用的结果。（　　）

4. 当其他条件相同时，顶、底板对煤层夹持得越紧，煤层变形的冲击性就越弱。（　　）

5. 煤层厚度变化越剧烈，应力集中的程度越高。（　　）

6. 随着开采深度的增加，冲击地压发生的可能性也随之增大。（　　）

7. 地质构造直接或间接地对冲击地压造成影响，导致冲击地压不容易发生。（　　）

8. 当采掘推进到断层附近时，煤岩体不容易在断层附近发生冲击地压。（　　）

9. 一般情况下冲击地压大多数发生在巷道内，采煤工作面则发生较少。（　　）

10. 不同的开采技术条件下，煤岩层发生冲击地压的危险性也具有一定差异。（　　）

11. 采掘顺序直接影响冲击地压的发生。（　　）

12. 通常情况下煤层群开采采用下行或上行单项开采方法，也可以上、下煤层同时开采。（　　）

13. 长壁式采煤方法是冲击地压煤层抑制冲击地压发生的最

有利的采煤方法。（　　）

14.综掘机掘进速度快,应力变化快,易发生冲击地压。（　　）

15.采、掘工作面多而又过于集中,采掘活动互为影响,易发生冲击地压。（　　）

二、单选题

1.在煤矿地质因素中,对冲击地压发生影响最大、最基本的因素是（　　）。

　　A.原岩应力　　　　　B.开采技术　　　　　C.地质构造

2.对于硬度很大的煤层,发生冲击地压,正确的是（　　）。

　　A.容易　　　　　　　B.不容易　　　　　　C.不一定

3.煤岩含水量增加,冲击危险就（　　）。

　　A.减少　　　　　　　B.增加　　　　　　　C.不一定

4.具有冲击危险性的煤层,其上部通常有一层厚度不小于（　　）m的岩层,且较坚硬。

　　A.1　　　　　　　　B.5　　　　　　　　　C.10

5.当煤层变薄时,变薄部分越短,应力集中系数（　　）。

　　A.越大　　　　　　　B.越小　　　　　　　C.不确定

6.褶曲区域特别是（　　）的煤层转折处,是冲击地压容易发生区。

　　A.褶曲背斜顶部　　　B.褶曲向斜底部　　　C.向斜轴升起

7.冲击地压煤层中的所有巷道应布置在应力集中（　　）。

　　A.圈外　　　　　　　B.圈内　　　　　　　C.都一样

8.在开采煤层群时,先开采（　　）发生冲击地压的煤层。

　　A.容易　　　　　　　B.不容易　　　　　　C.都一样

9.当采面接近老巷约（　　）m时,冲击地压的危险性最大。

　　A.20　　　　　　　　B.15　　　　　　　　C.10

10.当两个工作面相向掘进或两个工作面相向采掘时,接近

(　　)m 左右应力叠加,特别是煤柱区域内,易发生冲击地压。

    A. 50　　　　　　　B. 100　　　　　　　C. 150

三、多选题

1. 影响冲击地压发生的地质因素主要包括(　　)开采深度以及地质构造等。

    A. 原岩应力　　　　　　　B. 煤岩的物理力学性质

    C. 煤岩层的结构特点　　　D. 煤层厚度及其变化

2. 冲击地压煤层的开采布置和采煤方法的选择首要考虑的是(　　)。

    A. 多留煤柱　　　　　　　B. 不留煤柱

    C. 少留煤柱　　　　　　　D. 不留或少留煤柱

3. 生产矿井中,冲击地压经常发生在(　　)情况下。

    A. 工作面向采空区推进时

    B. 在距采空区 15～40 m 的应力集中区域内掘进巷道

    C. 两个工作面相向推进

    D. 两个近距离煤层中的两个工作面同时开采

4. 地质构造复杂程度原则上以(　　)三个因素中复杂程度最感高的一项为准。

    A. 断层　　　　　　　　　B. 断距

    C. 褶皱　　　　　　　　　D. 岩浆侵入

5. 对冲击地压矿井的组织管理工作从(　　)等方面制定科学有效的冲击地压预防和治理措施,确保矿井安全生产。

    A. 开采设计　　　　　　　B. 顶板管理

    C. 安全防护　　　　　　　D. 安全教育和培训

四、简答题

1. 冲击地压煤层如何选择采煤方法?

2. 冲击地压经常在哪些情况下发生?

第四章 冲击地压预测防治技术

第一节 冲击地压危险性评价及预防原则

煤岩体具有冲击倾向性,并不表明一定会发生冲击地压,即使发生冲击地压,每个矿井发生冲击地压的危险程度也不一样。冲击危险性是煤岩体可能发生冲击地压的危险程度,不仅受到矿山地质因素影响,而且受到矿山开采条件的影响。

煤矿开采的不同阶段,对冲击地压危险性进行评价的方法也不同。目前,我国还没有一个比较科学权威的冲击地压评价方法。实践表明,采用单一的冲击危险性指标有可能对冲击地压危险性评估造成很大误差,严重影响煤矿企业生产安全。影响冲击危险性的危险因素是复杂多样的,想要较准确地对其进行评价,需要综合考虑影响冲击地压发生的各个因素或能反映其性状的综合指标,从而选择合适的评价方法来对各个因素进行评价,最终确定冲击地压危险性,为采取防治措施提供依据。

一、冲击倾向性评价方法

无论使用何种预测方法,对预测地点冲击地压危险性的准确分析都是至关重要的先决条件。近几年来,通过理论与实践研究,我国在冲击地压危险性评价方法上取得了一定的进展。在冲击危险性评价等级的划分中,充分借鉴《煤矿安全规程》《防治煤矿冲击地压细则》中相关规定的基础上,对具体矿井区域进行分类。

冲击倾向性是引起冲击地压的内在基本因素,是煤岩体内发生冲击破坏的固有力学性质属性。在冲击地压发生机理的研究中对冲击倾向性的研究是十分必要的,因为这是冲击地压防治和预测的前提。

根据《防治煤矿冲击地压细则》中第十条的要求,有下列情况之一的,就应当进行煤层(岩层)冲击倾向性鉴定:

(1)有强烈震动、瞬间底(帮)鼓、煤岩弹射等动力现象的。

(2)埋深超过 400 m 的煤层,且煤层上方 100 m 范围内存在单层厚度超过 10 m、单轴抗压强度大于 60 MPa 的坚硬岩层。

(3)相邻矿井开采的同一煤层发生过冲击地压或经鉴定为冲击地压煤层的。

(4)冲击地压矿井开采新水平、新煤层。

开采具有冲击倾向性的煤层,必须进行冲击危险性评价。煤矿企业应当将评价结果报省级煤炭行业管理部门、煤矿安全监管部门和煤矿安全监察机构。

我国在最近 20 年也开展了对冲击倾向性的研究,在通过大量的实验和结合国外研究的成果的基础上,初步形成了针对我国煤矿地质条件的冲击倾向性评价方法,并制定了一些可行的行业标准。但是在这些标准中针对性单一,主要应用在单层煤岩体中。冲击地压发生不仅与煤岩体的冲击倾向性有关,而且与煤岩层的结构特点和组合形式具有密切关系。冲击地压发生的机理非常复杂,生产实践与实验研究表明:在一定的围岩与压力条件下,任何煤层中的巷道和工作面都可能发生冲击地压;煤的强度越高,引发冲击地压所要求的应力越小,反之,煤的强度越小,要引发冲击地压,就需要比较高的应力。煤的冲击倾向性是评价煤层冲击危险性特征的主要参数之一。

对煤的冲击倾向性评价主要采用煤的冲击能量指数、弹性能量指数和动态破坏时间。

1. 冲击能量指数

冲击能量指数就是在单轴压缩状态下,煤样的全应力-应变曲线峰值 C 前所积蓄的变形能 E_s 与峰值后所消耗的变形能 E_x 之比,用 K_E 表示。其公式:$K_E = E_s/E_x$。它包含了煤样应力-应变全部变化过程,显示了冲击倾向性的物理本质,如图 4-1 所示。

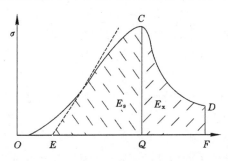

图 4-1　冲击能量指数 K_E 计算

2. 弹性能量指数

弹性能量指数就是煤样在单轴压缩条件下破坏前所积蓄的变形能与产生塑性变形消耗的能量之比,用 W_{ET} 表示。其计算公式为:

$$W_{ET} = E_{sp}/E_{st}$$

式中　E_{sp}——弹性应变能,其值为卸载曲线下的面积(图 4-2);

E_{st}——塑性应变能,其值为加载和卸载曲线所包围的面积。

由公式可以看出,积蓄的能量越大,消耗的能量越小,弹性能量指数 W_{ET} 就越大,发生冲击地压的可能性就越大,因此 W_{ET} 可以反映出煤岩的冲击倾向性。

3. 动态破坏时间

煤样在常规单轴压缩试验条件下,从极限载荷到完全破坏所

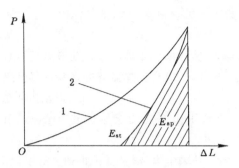

图 4-2 弹性能量指数 W_{ET} 计算图
1——加载曲线;2——卸载曲线

经历的时间称之为动态破坏时间,用 D_t 表示。动态破坏时间曲
线 D_t 综合反映了煤样中能量变化的全过程,是一种实用性较强
的指标。

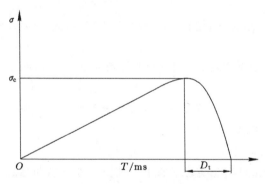

图 4-3 动态破坏时间曲线

根据《煤层冲击倾向性分类及指数的测定方法》(MT/T
174—2000),用上述三项指标鉴定煤层的冲击倾向,把煤层的冲击
倾向分为强烈冲击倾向、弱冲击倾向和无冲击倾向三类,各指标界
限值见表 4-1。

表 4-1   煤的冲击倾向鉴定指标值表

指标	强冲击	弱冲击	无冲击
冲击能量指数 K_E	$\geqslant 5$	$5.0 \sim 1.5$	< 1.5
弹性能量指数 W_{ET}	$\geqslant 5$	$5.0 \sim 2.0$	< 2
动态破坏时间 D_t/ms	$\leqslant 50$	$50 \sim 500$	> 500

二、综合指数法及冲击地压危险性等级的划分

综合指数法是在分析已发生的各种冲击地压灾害基础上,分析各种采矿地质因素对冲击地压发生的影响,确定各种因素的影响权重,将其综合分析建立冲击地压危险性预测预报的一种方法。

对于具有冲击地压危险性的矿井来说,在进行采区设计、工作面布置和采煤方法选择时,都要对该采区、煤层、水平或工作面进行冲击地压危险性评价工作,以减少或避免冲击地压对矿井安全生产构成威胁。冲击地压危险状态可通过分析煤岩体内的应力状态、岩体特性、煤层特征等地质因素和开采技术因素来确定。危险性指数分为地质因素评价的指数和开采技术条件评价的指数,综合两者来评价区域内的冲击危险程度。

冲击地压危险状态是随着采矿地质条件的变化而在空间和时间上发生变化的。根据国内外相关研究成果,冲击地压危险状态是有下列因素决定的:

(1)岩体应力:是由于采深、构造及开采历史造成的,其中残留煤柱和停采线上的应力集中将长期作用,而采空区卸压在一定时间后会消失。

(2)岩体特性:特别是形成高能量震动的倾向。主要来自厚层、高强度的顶板岩层。减小顶板岩层的强度,增加岩层的分层数量,特别是多次分层开采,可限制大震动的发生。

(3)煤层特性:主要是在超过某个压力标准值时的动力破坏倾向性。对于所有煤层来说,条件满足时,都会发生冲击地压。但

对于弱冲击煤层来说,所要求的压力值要远远大于具有冲击倾向性的煤层。

因此,通过对煤岩体的自然条件、特征及开采历史的认识,可以大概估算冲击地压的危险状态及危险等级。

该方法是一种早期预测方法。

对于具有冲击地压危险性的矿井,在进行矿井建设、采区设计、工作面布置、采煤工艺选择时,都应该对采区、煤层、水平或工作面进行冲击地压危险性评定划分。

1. 影响冲击地压危险状态的地质因素指数

影响冲击地压的主要地质因素有开采深度、顶板坚固程度、构造应力、煤层冲击倾向性等,可根据表 4-2 确定。

表 4-2　地质条件影响冲击地压危险状态的因素、指数

因素	危险状态影响因素	影响因素的定义	冲击性危险指数
W_1	是否发生过冲击地压	该煤层未发生过冲击地压	−2
		该煤层发生过冲击地压	0
		采用同种作业方式在该煤层或煤柱多次发生过冲击地压	3
W_2	开采深度	<500 m	0
		500~700 m	1
		>700 m	2
W_3	厚、硬顶板岩层距煤层的距离	>100 m	0
		100~50 m	1
		<50 m	3
W_4	开采区域内的构造应力集中度	>10%正常自重应力	1
		>20%正常自重应力	2
		>30%正常自重应力	3

因素	危险状态影响因素	影响因素的定义	冲击性危险指数
W_5	顶板岩层厚度特征参数 L_{st}	<50 m	0
		$\geqslant 50$ m	2
W_6	煤的抗压强度 R_c	$\leqslant 16$ MPa	0
		>16 MPa	2
W_7	煤的冲击能量指数 W_{ET}	<2	0
		$2 \leqslant W_{ET} < 5$	2
		$\geqslant 5$	4

根据表 4-2,利用公式(4-1)确定采掘工作面地质条件对冲击矿压危险状态的影响程度以及确定冲击地压危险状态等级评价指数 W_{t1}。

$$W_{t1} = \frac{\sum\limits_{i=1}^{n_1} W_i}{\sum\limits_{i=1}^{n_1} W_{i\max}} \quad (4\text{-}1)$$

式中　W_{t1}——根据地质因素确定的冲击地压危险状态等级评定指数;

$W_{i\max}$——表 4-2 中第 i 个地质因素中的最大值;

W_i——采掘工作面第 i 个地质因素的危险指数;

n_1——地质因素的数目。

2. 影响冲击地压危险状态的开采技术因素指数

根据开采技术、开采历史、煤柱状况、停采线等开采技术条件因素,确定相应影响冲击地压危险状态的指数,从而为冲击地压的预测预报提供危险性评价,为冲击地压的治理提供依据。可根据表 4-3 确定。

表 4-3　开采技术影响冲击地压危险状态的因素、指数

因素	危险状态影响因素	影响因素的定义	冲击性危险指数
W_1	工作面距停采线的垂直距离	＞60 m	0
		60～30 m	2
		＜30 m	3
W_2	未卸压的厚煤层	留煤厚度超过 1.0 m	3
W_3	未卸压一次采全高的煤层厚度	＜3.0 m	0
		3.0～4.0 m	1
		＞4.0 m	3
W_4	壁式采煤工作面斜长	＞300 m	0
		300～150 m	2
		＜150 m	4
W_5	沿空掘巷的掘进巷道	无煤柱或煤柱宽度小于 3 m	0
		煤柱宽 3～10 m	2
		煤柱宽 10～15 m	4
W_6	距采空区距离小于 50 m	掘进面	2
		采煤工作面	3
W_7	距煤柱距离小于 50 m	掘进面	1
		采煤工作面	3
W_8	掘进端头接近老巷距离小于 50 m	老巷已充填	1
		老巷未充填	2
W_9	采面接近老巷距离小于 30 m	老巷已充填	1
		老巷未充填	2
W_{10}	采面接近分叉的距离小于 50 m	掘进面或采煤工作面	3
W_{11}	采面距落差大于 3 m、断层不足 50 m	接近上盘	1
		接近下盘	2

因素	危险状态影响因素	影响因素的定义	冲击性危险指数
W_{12}	采面距煤层倾角剧烈变化,褶皱不足 50 m	>15°	2
W_{13}	采面接近煤层侵蚀处或合层部分	掘进面或采煤工作面	2
W_{14}	开采过上或下解放层的卸压程度	弱	−2
		中等	−4
		好	−8
W_{15}	采空区处理方法	填充法	2
		垮落法	0

根据表 4-3,利用公式(4-2)确定采掘工作面开采技术对冲击矿压危险状态的影响程度以及确定冲击地压危险状态等级评价指数 W_{t2}。

$$W_{t2} = \frac{\sum\limits_{i=1}^{n_2} W_i}{\sum\limits_{i=1}^{n_2} W_{i\max}} \qquad (4-2)$$

式中　W_{t2}——根据开采技术因素确定的冲击地压危险状态等级评定指数;

　　　$W_{i\max}$——表 4-3 中第 i 个开采技术因素中的最大值;

　　　W_i——采掘工作面第 i 个开采技术因素的危险指数;

　　　n_2——开采技术因素的数目。

3. 冲击地压危险程度的预测预报

以上给出了采掘工作面地质因素和开采技术因素对冲击地压的影响以及冲击地压危险状况等级评价指数 W_{t1} 和 W_{t2} 的具体表达式,根据这两个指数,用式(4-3)确定出采掘工作面附近冲击矿压危险状态等级评定综合指数 W_t。

$$W_t = \max\{W_{t1}, W_{t2}\} \tag{4-3}$$

根据 W_t 确定目标采掘工作面的冲击地压危险程度。

4. 冲击地压危险性等级的划分

根据冲击地压发生的原因,冲击地压的预测预报、危险性评价,通过数理统计、模糊数学等分析研究,冲击地压的危险程度按冲击地压危险状态等级可评定划分为五级。对于不同危险状态,应具有一定的防治对策。

(1)无冲击危险:冲击地压危险状态等级评定综合指数 $W_t <$ 0.3。

所有采掘工作可按作业规程规定正常进行。

(2)弱冲击危险:冲击地压危险状态等级评定综合指数 W_t 为 0.3~0.5。

① 大部分工作可按作业规程的规定进行。

② 需在作业中加强对冲击地压危险性的观察。

(3)中等冲击危险:冲击地压危险状态等级评定综合指数 W_t 为 0.5~0.75。

① 采掘工作应与该状态下的冲击地压防治措施一起进行。

② 通过预测预报确定冲击地压危险程度不再上升。

(4)强冲击危险:冲击地压危险状态等级评定综合指数 W_t 为 0.75~0.95。

① 停止采掘作业,非必要人员撤离此地点。

② 煤矿主管领导确定并实施限制冲击地压危险的方法措施以及制定更详尽的冲击地压监测方案。

(5)不安全:冲击地压危险状态等级评定综合指数 $W_t >$ 0.95。

① 冲击地压的防治措施应根据专家的意见进行,及时采取特殊条件下的综合措施方法。

② 采取措施后,通过专家的鉴定和主管领导的审查,才可进行下一步的采掘作业。

③ 如冲击地压的危险程度没有降低,应停止该区域所有工程作业,禁止该区域人员通行。

三、计算机建模模拟

根据长年采掘实践工作的经验,分析冲击地压待测区域内应力分布状态和地应力的大小是防治冲击地压的基础。通常情况下,地应力积聚的地点岩体更容易积聚弹性势能,因此,在待测区域内分析和确定地应力分布状态和地应力集中的程度,就可分析出冲击地压的危险程度,为安全采掘工作打好基础。

随着计算机技术和编程水平的发展,采用分析模拟方法指导岩石力学应力分布研究已非常普遍,同样,采矿学相关岩层控制的研究也可适用。目前世界上较为通用的分析模拟软件有 FLAC、UDEC、ANSYS 等,采用方法有边界元法、有限元法、离散元法等。

计算机建模模拟的主要优点是,可直观提前确定冲击地压的重点区域,对于模拟岩层任意区域,特别是未开采区域,可提前预测冲击地压危险状态,可总结推测出大范围内的岩层空间信息,可确定在采煤工作面回采过程中出现最大地应力的时间和地点,可预测开采空间大小、开采参数、开采历史对冲击地压危险性的影响。但计算机模拟的缺点是,对煤岩情况进行了简化处理,对模拟中的煤岩体特性,特别是弹性模量和泊松比没有考虑局部非匀质性和各向异性,尤其对现场煤岩体状况勘探测量精度要求非常高,对于地质情况复杂的区域建模工作也非常烦琐。

因此,建模数值模拟只能作为一种近似方法使用。经过多年实践证明,建模数值模拟的结果对矿井冲击地压危险区域确定是有一定指导价值的。

四、现场实测分析方法

对于矿井开采过程中是否会发生冲击地压,具有多大的冲击危险性,一般可以通过实验室和现场实测来进行冲击危险性的评价与预测。实验室方法有冲击倾向性测定、数值模拟分析、数量化理论等;现场实测方法有煤岩体原岩应力和采动应力测定、地音与微震监测、电磁辐射法、钻屑法等。现场实测法的核心在于通过各种参数的监测和测定,来综合评价发生冲击地压的危险性及危险等级。

当前对于生产矿井而言,采用现场实测方法来评价和预测冲击危险性是一种比较常用的。通过现场实测,参考历史经验,并结合理论与实验室分析,最终综合评价和预测矿井冲击危险性。

第二节　冲击地压预测技术

冲击地压预测技术是预测矿井开采掘进范围内有无冲击地压危险的重要检测手段,是冲击地压防治工作的重要组成部分,对目标地点及时采取区域性预防措施和局部解危措施非常重要。

冲击地压的预测方法有多种,除了常用的经验类比法以外,其他的可以分为两大类型。第一类是根据采矿地质条件确定冲击地压危险性的局部预测法,包括综合指数法、数值模拟分析法、钻屑法等;第二类是借鉴地震预报学的地球物理法,包括微震法、声发射法、电磁辐射法、震动法、重力法等,可以较准确预报冲击地压可能发生的位置,较准确地确定冲击地压发生的强度和震动释放能量的大小,但由于操作难度和设备昂贵的限制,多用于科研实验,尚未大面积投入生产实践。

一、钻屑法

煤的冲击倾向性和支承应力分布带特征是预测冲击地压的主要依据。煤的冲击倾向性是煤岩体冲击破坏的固有属性,可由实验室测得。支承压力分布带特征即支承压力峰值大小及其距煤壁的远近,支承压力带参数的确定,一般可采用钻屑法探测。如果支承压力指数达到临界值,且煤层又具有中等以上冲击倾向性,则冲击地压就可能发生。

钻屑法是通过在煤层中钻直径 42～50 mm 的钻孔,根据排出的煤粉量及其变化规律和相关应力效应,鉴别冲击危险的一种方法。该方法的基本理论和最初实验始于 20 世纪 60 年代,其理论基础是钻出煤粉量与煤体应力状态具有定量的关系,即在其他条件相同的煤体中,当应力状态不同时,钻孔的煤粉量也不同。当单位长度的排粉率增大或超过标准值时,就表示地应力集中程度较高,对应的煤体冲击地压的危险性也就高。

大量的井下现场实验证实了钻孔效应的存在。当钻孔进入煤壁一定距离处,钻孔周围煤体从平常状态过渡到极限应力状态,并伴随出现钻孔动力效应。地应力越大,过渡到极限应力状态的煤体越多,钻孔周围的破碎带越大,排粉量越多。钻屑法的排屑量变化曲线和煤体承受支承压力分布曲线十分相似,故用此来预测煤体冲击地压状况危险性。

根据钻屑量预测冲击地压危险时,常采用实际钻出煤粉量与正常排粉量之比,作为衡量冲击地压危险性的指标。该比值用体积比或质量比表示,又称为钻屑量指数,即式(4-4)。

$$K^* = \frac{V_b}{V_z} \qquad (4\text{-}4)$$

除了排粉量数值指标外,还应特别考虑实际施工时的动力现象。动力现象是煤体冲击倾向性的重要直观反映,如钻杆卡死、跳动、出现震动或声响等现象。通过准确记录钻孔时发生的动力现象,可更加准确地判断危险位置。

二、微震法

1. 震动与冲击地压

震动是由于地下开采活动引起的,是岩体断裂破坏的结果。与地球大地震动相比,震动的震中浅、强度小,震动频率高,影响范围小,故称之为微震。矿井微震震动能量小,从 10^2 J(极弱)到 10^{10} J(很强),对应地震里氏震级 $0\sim4.5$ 级;震动频率低,$0\sim50$ Hz;震动范围宽,从弱的几百米到强的几百千米,甚至几千千米。

相对来说,矿井微震是一种高能量的震动,而较弱一些的如声响、煤炮、小范围变形卸压则是声发射研究的范围。

冲击地压是煤岩体结构突然、猛烈破坏的结果。冲击地压将破裂的煤岩体抛向采面和巷道,造成人员、设备和巷道的破坏。这是煤岩体中积聚的弹性能震动动力释放、动力冲击造成的。冲击地压可能出现在震动中心,但若在震动中心没有发生岩体动力现象,则不会在震中发生冲击地压,而在有岩体动力现象的地点发生。即冲击地压发生的地点可能是震动中心,也可能由坚硬稳固岩体将地应力传递,此时冲击地压也会发生在距震中很远的地方。

从冲击地压与岩体震动的关系来看,发生冲击地压的最低能量为 1×10^3 J,大部分是从 1×10^5 J 开始的。在能量等级级别为 1×10^6 J 时,发生的冲击地压最多。但每个能量等级在 1×10^6 J 的震动与引起冲击地压并没有绝对关系。

2. 微震监测冲击地压危险

微震法就是通过记录采矿震动的能量、确定和分析震动的方向、对震中定位来评价和预测矿山动力现象。具体地说,就是记录震动的地震图,确定已发生的震动参数,例如震动发生的时间、震中的坐标、震动释放的能量,特别是震中的大小、地震力矩、震动发生的机理、震动的压力降低等,以此为基础,进行震动危险的预测预报,如预报震动能量大于给定值的平均周期,在时间 t 内震动能量小于或等于给定值的概率,该区域内震动的危险性及其他参数。

微震测控系统的主要功能是对全矿范围进行微震监测,是一种区域性检测方法。它自动记录微震活动,实时进行震源定位和微震能量计算,为评定全矿范围内的冲击地压危险提供依据。其原理是借鉴地震学中拾震站接收到的直到 P 波起点的时间差,在特定的波速场条件下进行二维或三维定位,用以判断破坏点位置,同时利用地震持续时间计算所释放的能量和震级,并标入采掘工程图和速报显示给生产指挥体系,以便及时采取措施。

微震监测已成为部分矿山地震预报的重要手段,目前南非、波兰、捷克、加拿大等国家已经形成了国家型矿山微震监测网,并在冲击地压监测预报中得到了广泛应用。在我国,采用微震法预测冲击地压尚处于试验研究阶段。

对门头沟矿 1986~1990 年记录的 6 321 次微震进行分析,及大量监测实践表明,依据微震活动的变化、震源方位和活动趋势可以评价冲击地压危险。

归纳出以下冲击地压前兆的微震活动规律:

① 微震活动的频度急剧增加;

② 微震总能量急剧增加;

③ 爆破后,微震活动恢复到爆破前微震活动水平所需时间增加。

无冲击危险的微震活动趋势是:微震活动一直比较平静,持续保持在较低的能量水平($<10^4$ J),处于能量稳定释放状态。一段时间内能量维持在 10^4 J 以下,分布比较均匀,未发生过大的震动和冲击。

有冲击地压危险的微震活动趋势是:

① 微震活动的频度和能级出现急剧增加,持续 2~3 d 后,会出现大的震动;

② 微震活动保持一定水平($<10^4$ J),突然出现平衡期,持续 2~3 d 后,会出现大的震动和冲击;

③ 微震活动与采掘活动关系密切。

每次出现较大微震时,都应当按时间序列分析与采掘的关系,远离采掘端头危险性较小,靠近采掘端头时应加强防范,并配合其他冲击地压预测预报方法共同监控,防止事故发生。

三、地音法

采掘活动引发的动力现象分为两种：强烈的，属于采矿微震的范畴；较弱的，如声响、震动卸压等则称为采矿地音，也称为岩石的声发射。

对岩石声发射现象的研究从 20 世纪 30 年代开始。首先从铅锌矿测量地震波传播时开始，之后在美国密歇根铜矿进行，随后声发射研究在美国、日本、南非、波兰、德国、俄罗斯、捷克等国家展开。

声发射法就是以脉冲形式记录弱的、低能量的地音现象。其主要特征是振动频率从几十赫兹到 2 000 Hz 或更高；能量低于 10^2 J，下限不定；振动范围从几米到大约 200 m。

采用的方法主要有站式连续地音监测和便携式流动地音监测，用来监测和评价局部震动的危险状态及随时间的变化情况。主要记录声发射的频率（即脉冲数量）、单位时间内脉冲能量的总和、采矿地质条件和采煤工艺等。

对冲击地压危险性的评价，主要是根据记录到的岩体声发射参数与局部应力场的变化来进行。岩石破坏的不稳定性是岩石中裂缝扩展的结果，而声发射现象则是微扩张超过界限的物理表征，该现象的进一步发展就是岩石的最终断裂。根据岩石力学，断裂最终引发高能量的震动，对巷道的稳定形成威胁，从而引发冲击地压现象。

1. 连续地音监测系统

这种监测方式与微震监测类似，有固定的监测站，可以连续监测煤岩体内声发射连续变化，预测冲击地压危险性程度的变化。

连续地音监测系统是一种连续动态的监测系统，其监测方法通常是在监测区内布置地音探头，根据生产条件配设检测设备，制定统计周期等工作参数，由监测装置自动采集地音信号，经过计算机程序处理加工完成统计表和图表，由工作人员结合采掘工作进度判断监测区域内的地音活动和危害程度。

连续地音监测系统特点如下：

（1）可远距离地自动、连续记录监测地点的地音。采用计算机作为系统主机，其信号采集、数据存储和整理、监测结果和分析图表打印能自动完成。而且系统的记录工作在时间上是连续的，在空间上可以在 10 km 范围内布置监测区，每个探头的有效监测范围约 50 m。

（2）可连续遥测，进行实时数据处理，检测结果与工作参数一起以班为单位存入数据库。根据监测结果目录，可随时调出已存入的监测结果，显示、打印由各种统计参数任意组合的统计图表；可实时显示和打印裂隙通道噪声、地音波形图及监测结果统计图表；可对地音波形进行频谱分析。

（3）可监听任意某个或几个监听孔所接受的震动声响。还可监听采掘工作面多种信号，例如输送机运转声、采煤机破煤壁声响，从而监测工程设备运转情况。

现场实践证明，采掘工作面地音活动受到采动应力控制，地音变化与煤体应力变化有相似的形态过程。更重要的是地音活动显现超前于岩层形变和显著地压变化。

地音活动是三阶段时间过程：相对平静，急剧增加，显著减弱。伴随着地音活动时间上的推进，地音活动逐渐向未采动附加应力高值区域以及脆性地质带集中，这些部位都是潜在发生冲击地压的震源位置。

地音监测的关键是对危险地音信号的正确识别判断。当地音活动集中在采动某一区域，且地音显现强度逐渐增加时，预示着冲击地压的危险也逐渐增加。地音监测系统正是利用地音随时间变化来判断应力状态从而预测冲击地压危险的。

2. 流动激发地音监控

采用激发地音法对冲击地压危险性进行监测时，其地音探头布置位置是随着激发地点变化而相应移动的,各个激发点依次激发监测,探头循环使用,工程所需监测探头设备数量少,但耗时较长。其探头一般布置在深 1.5 m 的钻孔中,距钻头钻孔 5 m 处打一个深 3 m 的钻孔,其中装上激发地音所用标准质量炸药(一般为 1 kg),记录下爆炸前后一定时间内煤岩层产生的微裂隙形成的弹性波脉冲。每次需测量 32 个循环,每循环记录 2 min。其中,爆炸前 20 min,10 个循环;爆炸后 44 min,22 个循环。待测位置的激发点间距需根据实际情况选取。

激发地音检测法的基础是在岩体受压状态下,局部较小应力的变化(如较常使用的少量炸药引爆扰动)会引起岩体微裂隙产生,应力越高,形成的裂隙越大,持续时间也越长,即岩体中能量的积聚和释放程度就越高,冲击地压发生的危险程度就越高。炸药爆炸产生的微裂隙,其中部分可以通过地音仪器检测到,以脉冲形式记录下来。如此就可以比较爆炸前后地音活动的规律,确定应力分布状态,从而确定冲击地压危险状态。

四、电磁辐射法

岩石破裂电磁辐射的观测是从地震研究者发现震前电磁异常表征后开始的。苏联和我国在这方面发展研究较早,其后日本和美国等国家也相继展开此方面研究。在近 30 年内,岩石破裂电磁辐射效应与震前预兆的研究,无论是在理论研究还是在应用实践上,都取得了飞速发展,尤其是地震预测预报方面。

根据权威研究,煤岩电磁辐射是煤岩体受负载变形破裂过程中向外辐射电磁能量的一种现象,与煤岩体的变形破裂过程非常类似。

电磁辐射用以预测煤岩动力灾害,其主要参数是电磁辐射的强度和脉冲数。电磁辐射强度主要反映了煤岩体的应力负载程度和变形裂隙程度,脉冲数主要反映了煤岩体形变和微破裂频率。此外,电磁辐射还用于检测煤岩动力灾害防治措施的效果,评价采

场边坡稳定性,确定采掘工作面围岩应力应变,评价混凝土结构的
稳定性等。

　　掘进或回采空间形成后,工作面煤体失去应力平衡,处于不稳
定状态,煤壁中的煤体必然要发生形变或破裂,以向新的应力平衡
状态过渡,这个蠕变或裂隙发展过程会产生电磁辐射。由应力较
弱区向应力集中区,应力越来越高,对应的电磁辐射信号也越来越
强。在应力集中区,应力达到最大值,因此煤体的变形破裂过程也
最为强烈,电磁辐射信号最强。而原岩应力区,电磁辐射强度有所
下降,且趋于平衡。采用非接触式接收到的信号是由原岩应力区
和应力集中区产生电磁辐射信号的叠加场。

　　电磁辐射和煤体所受应力状态有关,应力高时电磁辐射信号
就强,电磁辐射频率就高,而应力高则冲击危险性也越大。电磁辐
射强度和脉冲数两个参数综合反映了煤体应力集中程度的大小,
因此可用电磁辐射法进行冲击地压预测预报。

　　实验室相似模拟和现场研究测定、理论分析表明,煤岩冲击、
变形破坏的变形值、释放的能量和电磁辐射波形幅值、脉冲数成正
比。这些数值具体的表现为:煤体在发生冲击性破坏之前,电磁辐
射强度一般在某个特征值之下,而在冲击破坏时,电磁辐射强度突
然增加;煤体电磁辐射的脉冲数随着负载应力增大和形变破坏情
况剧烈而增大。所受应力越大应力加载速率越大,煤体的形变破
裂越强烈,电磁辐射信号也越强。冲击地压发生前的一段时间,电
磁辐射连续增长或先增长后下降,随后又呈现增长趋势。这一过
程与岩石力学中岩体受压刚性破坏过程相拟合,反映了煤岩破坏
发生、发展的过程。

　　煤岩体的裂隙发展速度和电磁辐射脉冲数、电磁辐射强度成
正比,与瞬间释放的能量、煤岩变形速率成正比。因此,可采用电
磁辐射的临界值法和偏差值法对冲击地压进行预测预报。

1. 临界值法

临界值法是在没有冲击地压危险,压力比较小的地方观测 10 个工作周期的电磁辐射幅值最大值、幅值平均值和脉冲数量等数据,取其平均值的 k 倍(余量矫正系数,通常 $k=1.5$)作为临界值。其公式为:

$$E_{临界} = kE_{平均} \tag{4-5}$$

2. 偏差值法

电磁辐射监测预报的偏差值法分析的是电磁辐射的变化规律,分析当前工作周期数据与平均值的偏差,根据差值和前一工作周期数据对比,对冲击地压危险进行预测预报。实验和实践数据表明,在冲击地压发生前,电磁辐射的偏差值会发生较大的变化。

五、综合预测方法

冲击地压的随机性和突发性,成因的复杂性,破坏形式的多样性,使得冲击地压的预测工作极其困难复杂,单凭一种方法是不可靠的,必须将冲击地压危险区域预报和局部预报相结合,早期预报和及时预报相结合。因此应当根据具体情况,在分析地质开采条件的基础上,采用多种方法对冲击地压进行综合预测。

通常来说,首先分析地质开采条件,根据综合指数法和计算机模拟,预先划分出冲击地压危险程度和重点防治区域,提出冲击地压的早期区域性预报。

在上述分析的数据基础上,利用微震监测系统,对矿井冲击地压的危险性提出区域和及时预报;采用地音监测法、电磁辐射监测法等地球物理检测手段,对矿井采煤工作面和掘进工作面进行局部地点的预测预报;然后采用钻屑法,对冲击地压危险区域进行检测和预报,同时对危险区域和地点进行工程处理。

当然,采用上述所有监测方法是不可能的,也是不需要的。通常在数据建模的基础上,采用综合指数法和分析法进行早期预报,根据矿井设备条件与监测经验选用区域性预报,对局部采用钻屑法检测重点区域,就构成简单可行、行之有效的工程实践预测冲击地压方法。

第三节　冲击地压防治技术

研究冲击地压的最终目的就是有效地防止冲击地压的发生。从冲击地压形成的机理看,控制冲击地压灾害的发生,实质上就是改变煤岩体的应力状态或控制高应力产生,以确保煤岩体不足以产生失稳破坏或非稳定破坏。根据实际煤岩条件,冲击地压的防治包括两个方面,即已有冲击地压危险煤岩层的冲击地压防治和目前尚无冲击危险但开采过程中可能发生冲击地压危险的防治问题。

为了从根本上改变煤岩体应力分布规律,以降低冲击危险程度,目前国内采用的冲击地压防治方法主要包括合理的开采布置、保护层开采、煤层松动爆破和煤层预注水等。对于已具有冲击危险性的煤岩层,采用的控制方法有煤层卸载爆破、钻孔卸压、煤层切槽、底板定向切槽和顶板定向断裂等。这些方法在我国均有较广泛的应用。

一、冲击地压的防治原则

有冲击地压的矿井,在预防治理过程中,通常考虑以下原则:

(1)在工作面设计时避免高应力的形成。设计时应考虑开采顺序,调整采区和工作面布置,实现无煤柱开采,避免形成应力高度集中。

(2)保证采掘面的推进方向和最大地应力的方向平行,正确的开采方向能降低冲击危险性和冲击危害程度。煤矿开采历史表明,矿井地应力的大小和方向与冲击地压的发生具有密切的关系,当采掘工作面的方向与最大地应力方向呈垂直或者较大角度时,工作面发生冲击地压危险性和危害程度将增大。

（3）扩大应力释放范围，以降低应力集中程度与应力的释放速度。选择适当开采方法，使开采过程中的应力释放区域增大，从而避免局部应力的高度集中与冲击危险区域的形成。煤矿开采必然引起煤岩层内部应力的重新分布与释放，当这种分布过程与释放过程导致煤岩层的失稳破坏或非稳定破坏时，发生冲击地压的可能性将大大提高。

（4）控制煤层赋存能量的条件，对煤层实施卸压钻孔、切槽、卸压爆破等，以改变煤体承载能力，使应力水平下降，并使煤体应力峰值向煤岩体深部转移，增加阻力，降低冲击危险性或人为诱发小型可控冲击。

（5）控制顶板能量的突然释放与加载。顶板的可控垮落实质上就是改善煤岩层结构系统的能量存储系统，因为顶板中储存着大量能量，特别是坚硬难垮落顶板。对顶板实施定向裂缝（高压水裂缝、定向深孔爆破），可改变采掘工作面周围煤岩层的应力分布，使煤岩体中储存的能量能够及时、有效地以稳定破坏的形式释放出来。

（6）改善底板中的支承能力并加大煤层和顶板的变形。对底板进行切槽卸压，使煤层底板能及时破坏，可促使煤层和顶板岩层的变形加大，其弹性变形能的消耗也将增加，从而避免煤岩体中能量的高度积聚与突然释放。

（7）优先开采无冲击倾向性和无冲击危险煤层。在煤层群开采条件下使用，通过首先开采无冲击倾向性或冲击倾向性相对较弱的煤层，可使具有危险性的应力条件得到改善，从而使冲击危险煤层在采煤过程中的冲击危险性下降。

（8）最大限度地降低地质构造对冲击地压的影响。煤岩层中极软弱薄层的存在，往往会产生非连续变形与破坏并导致冲击地压的发生。加固软弱层使煤岩体形成稳定结构，避免煤岩体沿软弱层产生黏滑而发生冲击地压；或者采取煤层高压预注水、煤层深孔爆破等方法,使软弱层加厚,变形加大,易于以稳定、缓慢形式释放大量的弹性势能,起到防止冲击地压发生的作用。

二、冲击地压的防范措施

1. 设计上合理选用开拓布置和开采工艺

大量矿井工程实践表明,合理的开拓布置和开采工艺对于避免应力集中和不必要叠加,防治冲击地压作用极大。大量实例证明,多数冲击地压是由于开采方式不合理造成的。不正确的开拓方式在矿井实际工程中一经形成几乎不可改变,临近煤层开采时,只能采取局部治理措施,耗费巨大,效果有限,最重要的是治标不治本。

因此合理科学的开拓布置是防治冲击地压的根本性措施,下列几条为开拓布置应遵循的主要原则:

(1)开采煤层群时,开拓布置应有利于解放层开采。

首先开采无冲击倾向或冲击倾向性小的煤层作为解放层,且优先开采上解放层。必要时可配合采用蠕变充填或深孔爆破卸压等局部防范措施。

(2)划分采区时,应保证合理的开采顺序,最大限度地避免形成岛型煤柱等强应力集中区。

由于煤柱承受的压力很高,特别是岛型或半岛型煤柱,需承载几个方向的叠加应力,最易导致冲击地压。上层遗留煤柱也会向下传递集中应力,影响相当大的深度,导致下部煤层开采时也有冲击倾向性,片帮冒顶情况也极其频繁,将严重影响安全生产。

当煤层被鉴定为具有冲击地压倾向煤层时,《防治煤矿冲击地压细则》第三十一条要求,冲击地压煤层应当严格按顺序开采,不得留孤岛煤柱。采空区内不得留有煤柱,如果特殊情况必须在采空区留有煤柱,应当进行安全性论证,报企业技术负责人审批,并将煤柱的位置、尺寸以及影响范围标在采掘工程平面图上。煤层群下行开采时,应当分析上一煤层煤柱的影响。

《防治煤矿冲击地压细则》第三十二条要求,冲击地压煤层开采孤岛煤柱前,煤矿企业应当组织专家进行防冲安全开采论证,论证结果为不能保障安全开采的,不得进行采掘作业。

(3)采区或盘区的采面布置应朝向一个方向推进,避免相向推进开采,防止发生应力集中。

相向采煤推进时上山煤柱逐渐减小,负载支承压力逐渐增大,很容易引起冲击地压。为避免这种情况,可在采区设计时采用单翼采区跨上山采煤方法,将单区段独立回采的开采工艺改为多区段联合回采,使采掘工作面在不同区段中交替进行。视实际情况尽量使用沿空掘巷,减少留煤柱,避免在高应力区开展掘进和维护工作。

《防治煤矿冲击地压细则》第二十七条规定,开采冲击地压煤层时,在应力集中区内不得布置两个工作面同时进行采掘作业。两个掘进工作面之间的距离小于 150 m 时,采煤工作面与掘进工作面之间的距离小于 350 m 时,两个采煤工作面之间的距离小于 500 m 时,必须停止其中一个工作面,确保两个采煤工作面之间、采煤工作面与掘进工作面之间、两个掘进工作面之间留有足够的间距,以避免应力叠加导致冲击地压的发生。相邻矿井、相邻采区之间应当避免开采相互影响。

《防治煤矿冲击地压细则》第三十条规定,严重冲击地压厚煤层中的巷道应当布置在应力集中区外。冲击地压煤层双巷掘进时,两条平行巷道在时间、空间上应当避免相互影响。

(4)在地质构造等重点区域,采取避免或减缓应力集中和叠加的工艺措施。

在向斜和背斜地质构造区,应从轴部开始回采,向斜轴挤压地应力集中区开掘应尤其注意煤与瓦斯突出和冲击地压危险;在有断层和采空区的情况下,应采用从断层或采空区开始回采。

(5)对于有冲击危险的煤层,其开拓巷道、准备巷道、永久硐室、主要上下山、主要溜煤巷和回风巷应布置在底板岩层或无冲击危险的煤层中，以有利于维护和减少冲击地压危险。

《防治煤矿冲击地压细则》第二十八条要求，开拓巷道不得布置在严重冲击地压煤层中，永久硐室不得布置在冲击地压煤层中。开拓巷道、永久硐室布置达不到以上要求且不具备重新布置条件时，需进行安全性论证。在采取加强防冲综合措施，确认冲击危险监测指标小于临界值后方可继续使用，且必须加强监测。

回采巷道应尽量避开支承压力集中区域，采用宽巷掘进，少用或不用双巷或多巷同时平行掘进。对于采面收尾的回采切眼，应尽量躲开高应力集中区，尽量选在采空区附近的压力降低区。

（6）开采有冲击地压危险的煤层，应尽量采用不留煤柱垮落法管理顶板，回采推进导线尽量为直线且有规律地推进。

不同的采煤方法，矿山压力的大小及分布也不同。澳大利亚和美国等西方国家广泛应用的房柱式采煤法由于掘进的巷道多、在采空区遗留的煤柱多、顶板不能及时充分地垮落，而造成支承压力较高，在工作面前方掘进巷道势必受到叠加应力的影响，增加了危险性。我国西南地区煤矿广泛采用的水力采煤法，虽然系统简单、高效，但遗留的煤垛在采空区形成支撑，顶板不能及时、规则地垮落，还要经常在支承压力集中带开掘水道和枪眼，加之推进速度高，开采强度大，容易造成大面积悬顶状况，导致冲击地压。采用长臂式采煤法，在采出率更高的同时，在矿压管理上更有利于缓解冲击矿压的危害。

（7）顶板管理采用全部垮落法，工作面液压支架采用具有整体性和防护能力的可伸缩支架。

大量矿山实践统计表明，采用不正规不严格采煤法的采区冲击矿压次数多、强度大，水力充填次之，全部垮落法冲击地压次数少且强度弱。我国矿井发生冲击地压的煤层，煤层顶板大多又厚又硬，难以垮落。采用注水爆破等方法，使顶板弱化或垮落，能有效减缓冲击地压。大量实例表明,冲击地压造成的伤亡事故主要是由于冲击震动推倒或折断支架,造成片帮和冒顶,因此有冲击地压危险的工作面必须采取特殊支护形式,增加支护强度,提高支架的整体性和稳定性。

2. 开采解放层

开采解放层是防治冲击地压最为有效且具有根本性的区域性防范措施。

某个煤层的首先开采,能够有效使邻近煤层在一定时间内地应力得到卸压,这种卸压开采称之为开采解放层。先开采的解放层必须根据煤层赋存条件选择无冲击倾向性或弱冲击倾向性的煤层。解放层开采后形成了解放带,起到减缓冲击地压的作用。实践表明,在被解放了的煤层中进行回采时,支承压力的峰值降低了。解放层作用实质在于改善了被解放层开采中能量积聚与释放的空间分布状况,能够很好地预防冲击地压的发生。

决定解放范围和解放程度的基本因素是采空区宽度、岩体的结构和强度、采深、开采层的倾角和厚度、开采方法等,应根据矿井的实际条件确定解放层的有效解放范围。开采实施时必须保证开采的时间、空间的有效性。保护层开采时一般不允许在采空区内留煤柱,以使得先采煤层的卸压作用能够依次使下部被解放层地压状况得到最大限度的解放。

解放层开采后,采空区垮落的矸石或充填料,随着时间推进被逐渐压实,同时采空区和围岩中的应力相应逐渐增加,渐渐趋于原岩应力,所以解放层的作用是有时间性的,卸压作用和效果随着时间的延长而减小。因此,解放层和被解放层的开采不能间隔太久。依照工程经验,卸压有效期为:解放层开采后采空区处理用全部垮落法时效为 3 a,采空区用全部充填法时效为 2 a。对于下部煤层,由于受到解放层开采时的前后支承压力产生的加载和卸压交替作用,在很大程度上改变了下部煤层的结构和层间岩层的力学性质,特别是改变了下部煤岩层的裂隙水平和透气性,改变了整体煤岩结构和属性,释放了围岩潜在的弹性势能,消除或减缓了冲击地压的危险。

3. 冲击地压矿井巷道布置与采掘作业应遵循《煤矿安全规程》的规定

(1)开采冲击地压煤层时,在应力集中区内不得布置两个工作面同时进行采掘作业。两个掘进工作面之间的距离小于 150 m 时,采煤工作面与掘进工作面之间的距离小于 350 m 时,两个采煤工作面之间的距离小于 500 m 时,必须停止其中一个工作面。相邻矿井、相邻采区之间应避免开采相互影响。

(2)开拓巷道不得布置在严重冲击地压煤层中,永久硐室不得布置在冲击地压煤层中。煤层巷道与硐室布置不应留底煤,如果留有底煤必须采取底板预卸压措施。

(3)严重冲击地压厚煤层中的巷道应布置在应力集中区外。双巷掘进时两条平行巷道在时间、空间上应避开相互影响。

(4)冲击地压煤层应严格按顺序开采,不得留孤岛煤柱。在采空区内不得留有煤柱,如果必须在采空区内留煤柱,应进行论证,报矿总工程师审批,并将煤柱的位置、尺寸以及影响范围标在采掘工程平面图上。

(5)对冲击地压煤层,应根据顶底板岩性适当加大掘进巷道宽度。应优先选择无煤柱护巷工艺,采用大煤柱护巷时应避开应力集中区,严禁留大煤柱影响邻近层开采。巷道严禁采用刚性支护。

(6)采用垮落法控制顶板时,支架(柱)应有足够的支护强度,采空区中所有支柱必须回净。

(7)冲击地压煤层掘进工作面临近大型地质构造、采空区、其他应力集中区时,必须制定专项措施。

(8)应在作业规程中明确规定初次来压、周期来压、采空区

"见方"等期间的防冲措施。

（9）在无冲击地压煤层中的三面或四面被采空区所包围的区域开采和回收煤柱时,必须制定专项的防冲措施。

三、冲击地压防治的工程处理措施

1. 震动爆破

震动爆破是一种特殊的爆破,与破岩爆破和落煤爆破不同。震动爆破的主要任务是引爆炸药,形成强烈冲击波,使得岩体发生震动。震动爆破要使得震动范围最大,甚至是波及整个工作面,在装药量一定的情况下,达到震动状态效果最好。

震动卸压爆破原理如下:在采面和风、机两巷,震动爆破能最大限度地释放积聚在煤体中的弹性势能,在采面附近及巷道两帮形成卸压破坏区,使得压力集中区向煤体深部延伸。震动爆破的合理布置与装药量合理,不仅能造成岩体松动,有效卸压减小冲击危险,而且使落煤更加高效安全。

合理的钻孔布置应当使炸药爆破后形成的沿煤岩的弹性纵波以预期的方向传播,使炸药爆炸形成的压力与开掘施工形成的压力叠加,超过其极限状态,这样人工引起小范围可控冲击地压现象,使岩体卸压,如此震动卸压爆破效果最好。

在钻孔中合理布置炸药量和装药方式,可有效、经济地引发爆炸能,并最大限度地传播给围岩体,以达到煤层卸压、将应力集中区向深部转移的目的。炸药的布置应从煤层应力最高点起始向里,外部全部用炮泥封孔。因应力集中地点煤层的密度、强度最大,这样可以扩大塑性区,将应力最高点向深部转移。

（1）震动卸压爆破

在人员已安全撤离的情况下,震动卸压爆破除了引发冲击地压外,可将高应力集中区转移到煤体深处,形成松动带。其效果是引发小范围冲击地压,缓解深部煤体中的压力升高区,爆破引发一部分地震势能的释放。

（2）震动落煤爆破

震动落煤爆破是在人员撤离的情况下，引发冲击地压，缓解或移除深部煤体或采煤机截深范围内的支承压力。这种爆破要求炮眼全长爆破，使下一个截深范围内应力释放。这种情况下，采煤机几乎仅起装煤作用。

（3）震动卸压落煤爆破

这种爆破结合了震动卸压爆破和震动落煤爆破两种方法。震动卸压落煤爆破既可用于采煤工作面前方，也可用于巷道掘进，其参数根据具体条件而定，但卸压长钻孔爆破后，应避免在同一位置布置落煤爆破孔。

（4）顶板爆破

煤层顶板是影响采煤工作面冲击地压发生的重要因素之一。顶板爆破就是将顶板人为破坏，降低其强度，释放因压力而聚集的能量，减少对煤层和支架的冲击震动。顶板的爆破冲击应使接近极限应力状态的煤岩体应力超限，引发小程度可控冲击地压，从而达到卸压目的。

炸药爆炸破坏顶板的方法有两种：短钻孔爆破和长钻孔爆破。

短钻孔爆破分为带式、阶梯式和扇形式。成功爆破后，在顶板形成条痕，当顶板弯曲下沉时，在条痕处顶板形成拉伸破坏而折断（拉伸破坏所需载荷比剪切破坏载荷小得多），造成顶板被人为"切割"下的目的。

长钻孔爆破是在工作面或两巷中钻眼，利用爆破冲击来破坏顶板或者引起小程度冲击地压。在装药和炮眼布置上应当以不破坏支架为准。

2. 煤层注水

煤层注水原理如下：

岩石力学研究中大量实验表明，煤体地层的单向抗压强度随着含水量的增加而降低，其关系可用式（4-6）表示。

$$\eta_{RW} = a \times W_0^b + c \tag{4-6}$$

式中　η_{RW}——湿润岩体与强度最大时岩体的单轴抗压强度的比值；

$\quad\quad W_0$——煤岩体强度最大时的含水量；

$\quad\quad a$、b、c——系数，由表 4-4 按岩性检索。

表 4-4　　　　　　　　　系数表

岩层种类	a	b	c	W_0
粗粒砂岩	290	-1.39	25.9	$\geqslant 4$
细中粒砂岩	537	-1.20	46.0	$\geqslant 7$
泥岩	985	-1.21	34.0	$\geqslant 15$
页岩	6 100	-2.27	23.9	$\geqslant 28$

同样，煤的强度和冲击倾向性指数 W_t（即本章第一节，冲击地压危险性等级的划分原则和综合指数法中，冲击地压危险状态等级评定指数）会随着煤层湿度的增加而降低。所有情况下煤的冲击倾向指数与其湿度增量（含水率）都可用式（4-7）表示。

$$W_t = W_0 \times e^{d\omega} \tag{4-7}$$

式中　W_t——注水后煤层的冲击地压危险状态等级评定指数；

$\quad\quad W_0$——自然状态下层的冲击地压危险状态等级评定指数；

$\quad\quad d\omega$——含水率。

不同煤层，冲击倾向性指数不相同。需要注意的是，含水率和注水时间并不成正比。其外，煤层湿度增加可改变采煤工艺截割参数，是采面降尘的根本性措施。

煤层注水在工程上实用方法有三种布置方式，即与采面煤壁垂直的短钻孔注水法、与采面煤壁平行的长钻孔注水法和综合注水法。

（1）短钻孔注水法

短钻孔注水法重点是保证注水钻孔的数量。钻孔通常垂直于煤壁,且在煤层中线附近。注水时,依次在每一个钻孔中放入注水枪,水压一般设为 $20\sim25$ MPa。比较有效的注水孔间距为 $6\sim10$ m,注水孔深不小于 10 m,注水孔的直径与注水枪相适应,放入注水枪后能自动注水,封孔封在破碎带以外。

短钻孔注水法的优点:钻孔注水工程操作简单;可在煤层的任意位置注水;可在长钻孔施工困难的薄煤层进行注水;可在其他条件限制、地质或设备约束较多的情况操作注水。

短钻孔注水法的缺点:注水工作必须在采面运输机道上进行,影响采煤工作;注水工作必须在冲击危险性最强的区域进行,工作环境并非完全安全;注水影响范围小。

(2)长钻孔注水法

长钻孔注水法是通过平行于工作面的钻孔,对原煤体进行高压注水,钻孔长度应覆盖整个工作面的范围。注水孔的间距为 10 ~20 m,具体取决于注水时的渗透半径。

采面区域内的注水应从两巷相对的两个钻孔进行注水,注水从离工作面最近的钻孔开始,一直持续到整个工作面范围。注水枪应布置在破碎带以外,深度视具体情况而定。一般情况下,注水区应在工作面前 60 m 外进行。注水超前时间也不宜过早,随着时间的推移,注水效果也会降低,根据实践经验,一般注水的有效期为三个月。

长钻孔注水法的优点:在工作面前方区域内注水是均匀的,注水工作在风、机两巷进行,不影响采煤工作;可最大限度利用机械,且注水工作可在冲击危险区域外进行。

长钻孔注水法的缺点:在某些条件受限的情况下很难完成钻孔工作,特别是在薄煤层中,长钻孔施工极其困难。

(3)综合注水法

综合注水法是上述两种方法的综合,采面靠近两巷区域采用长钻孔注水,中部采用短钻孔注水。注水水压不小于 10 MPa,当水压降至 5 MPa 时,认为此孔注水已经完成。在有些情况下,由于大的裂隙存在,注过水的煤壁会滴水。在综合注水法或长钻孔注水法使用后,为了防止注水煤层过早干燥,在高压设备注水后,可将注水钻孔与矿井低压水管路连接,这样可适当延长注水有效期。

3. 钻孔卸压

钻孔卸压技术作为防治冲击地压的一种方法,是指在煤岩体应力集中区域或可能形成的应力集中区域实施直径通常大于 95 mm 的钻孔,通过排出钻孔周围破裂区因煤体变形或钻孔冲击所产生的大量煤粉,而使钻孔周围煤体破碎区增大,进而使钻孔周围一定区域范围内煤岩体的应力集中程度下降,或者将高应力转移到煤岩体的深处或远离高应力区,实现对局部煤岩体进行解危的目的,或起到预卸压的作用。

通常情况下顶板岩层的地应力直接作用在煤体上,在距采面向推进方向煤体 3～8 m 处形成应力集中区,接近极限应力值,有较大的冲击地压危险性。此时用适当孔径的钻机在煤壁上钻出若干沿煤壁方向的钻孔,其目的只有卸压,起到类似巷道拉底卸压槽的作用,将挤压应力从钻孔中释放,压力越高钻孔变形量越大,也可以起到一定验证区域煤壁冲击地压危险性的指标作用。

另外钻孔形成的卸压带能使煤体松动,但不能从根本上解放煤岩深部积聚的弹性势能和形成永久屈服变形。在钻孔施工过程中,由于钻孔相对较大,在煤岩体应力较高的条件下,容易发生钻孔冲击现象,以至由此引发冲击地压灾害。因此,一定要选择合适实施钻孔卸压的时机和位置。对冲击地压危险性较高的区域,可以使用远程遥控钻机实施钻孔卸压。

需特别注意的是,本方法有效作用时间很短,作用区域也非常有限,多用于临时紧急的卸压作业。

4.定向裂缝

(1)定向水力裂缝法

定向水力裂缝法就是人为在煤岩层中预先制造一条裂缝,在短时间内,采用高压水枪将岩体沿预先制造的裂缝破坏。在高压水的作用下,岩体破裂半径范围可达 15～25 m,甚至更大。

采用定向水力裂缝法操作简单、效果明显、施工和设备成本低,可有效改变煤岩体的物理力学特性,故这种方法较为广泛应用于降低冲击地压危险性,改变顶板岩体物理力学特性,将坚硬厚顶板分成若干分层或破坏其完整性;为维护平巷,将悬顶挑落;在煤体中制造裂缝,也有利于瓦斯抽采;破坏煤体的完整性,减少开采时产生的煤尘;等等。

定向水力裂缝法有两种:周向预裂缝法和轴向预裂缝法。实验研究表明,要使形成的周向预裂缝达到较好的效果,周向预裂缝的宽度至少应为钻孔直径的 2 倍以上,且裂缝端部要尖。高压泵的压力应为 30 MPa 以上,流量在 60 L/min 以上。而轴向预裂缝法是沿钻孔轴向制造预裂缝,从而沿裂缝使岩体破坏,施工工艺与通常的长钻孔施工类似。

(2)定向爆破裂缝法

定向爆破裂缝法的原理与定向水力裂缝法相同,操作的不同之处只是将高压水换成了炸药。其预裂缝的形成设计也有周向和轴向的区别。为形成周向预裂缝需要特别的装药工艺,将若干个互相独立药腔封紧,使冲击破坏力向周向扩散。

定向爆破裂缝法的钻孔长度、布置方式、制造预裂缝的数量和形式等均视巷道支护形式、目标破坏岩体的力学性质和爆破的目的而定,这需要根据具体的生产实际,进行具体的设计和施工。

第四节　顶板大面积来压

一、顶板大面积来压现象及特征

在井工开采中,地下煤岩层地质赋存、构造多种多样,巷道、硐室的设计与施工由功能、目的决定,形态种类也纷繁复杂,由于顶板或围岩的强度不同,所造成的冲击地压灾害种类也不一而足。成因简单归纳可参考表 4-5。

表 4-5　　　　　冲击地压种类与围岩强度的关系

灾害类型	蠕变破坏	冲击性地压灾害	顶板大面积来压
地应力状况	强挤压应力	强挤压应力	强挤压应力
顶板强度	软弱或一般	强度较高	强度很高
动力现象	巷道或硐室蠕变、缩进	冲击动力灾害	强烈冲击动力灾害

其中,冲击性地压灾害和顶板大面积来压属于强动力灾害,突发性强,影响严重。

虽然当今综采设备机械化程度很高,但顶板大面积来压在推进式长壁式采煤法中作为冲击动力灾害也很常见,而且造成的危害也更加频繁、强烈,需特别加强预测和治理。

顶板大面积来压主要是由于坚硬顶板被采空面积超过一定的极限值,引起大面积垮落而造成的剧烈动压现象。顶板大面积来压时,一次垮落的面积少则几千平方米,多则可达到几万甚至十几万平方米,这样大面积的顶板在极短时间内垮落下来,不仅由于自重和挤压地应力的作用会产生严重的冲击破坏力,而且更加严重的是把已采空间的空气和瓦斯瞬间挤出,形成极大的风暴,破坏力极强。一般大面积冒顶造成的沉陷都会影响至地表,形成近似椭圆形的塌陷区,造成极大的经济损失。

二、顶板大面积来压成因和机理

顶板大面积来压是由坚硬岩层大面积垮落形成的。如砂岩和砾岩层等，其单轴抗压强度可达 8.0～16.0 kPa,甚至高达 20.0 kPa。这些岩层一般为厚层整体结构,岩体中的层理、节理和裂隙都不发育。这些坚硬岩层有的直接覆盖在煤层之上,有的与煤层之间有较薄、强度较小的岩层。

由于直接覆盖在煤层之上的顶板岩层坚固,在采面初采时,顶板初次垮落步距可达 50～70 m,甚至可达 100 m 以上。为了避免初次来压形成危害,常常用刀柱法进行开采,即当采面推进一定距离后,在采空区留下一段煤柱支承顶板。但经过实验室模拟和矿井实验检验,这样对采煤工作面反而不利,因为随着采空区的增加,上覆岩层的压力集中在刀柱煤柱上,结果常由于煤柱本身的力学性质发生了改变,起不到对顶板的主要支承作用,反而增大了悬空顶板面积。由实践得知,当煤柱支承面积与采空区顶板悬空面积之比小于 30％时,这种现象尤为严重,易造成大面积来压灾害。

从能量积聚的条件来看,坚硬顶板在破坏前弯曲下沉,使前方的煤岩体积聚大量的弯曲弹性势能。在断裂过程中,若条件充分,必将突然释放,发生煤岩的进射或突出,以及破坏巷道等冲击地压现象。

大量实践观测证实,在开采中坚硬难垮落的顶板悬露面积很大,在自重的作用下,当弯曲应力值超过其强度极限时,必将出现断裂或使原生微裂隙扩展,一旦这些裂隙贯穿坚硬岩层时,则发生断裂。

此外,由于顶板大面积悬空,采空区空间形成扁平狭长应力区,在煤柱上的顶板岩层内产生巨大的切应力,也将促使顶板折断。较厚坚硬岩层断裂后,互相间是很难靠咬合点的摩擦力维持平衡的,因此,一旦断裂,必将垮落,从而引起冲击地压和暴风现象。

从时间和空间过程上,可把上述破坏分为两个阶段,一是岩层的裂缝扩展和离层的断裂阶段;二是断裂后的垮落阶段。从断裂到垮落的来压过程,要经历一定的时间,并要有足够的空间,且一般顶板断裂阶段的支架载荷大于垮落阶段。

三、顶板大面积来压的防治措施

1. 顶板大面积来压的预兆和监测

(1) 预兆

顶板大面积来压的预兆主要表现为:顶板断裂声响的频率和响度增大;煤帮有明显受压和片帮现象;底板出现底鼓或沿煤柱附近的底板发生裂隙;巷道超前压力较明显;工作面中支柱载荷和顶板下沉速度明显增大;有时采空区顶板发生裂缝或淋水增大,向顶板钻孔中注水先流清水,后变成流白糊状液体,这是断裂块岩互相摩擦形成的岩粉与水的混合物。

(2) 预测预报

大面积来压的预测原理和一般冲击地压方法相同,可用微震法、地音仪和超声波地层应力仪等测量岩层断裂时的脉冲信号。根据上述顶板大面积来压的机理,较厚坚硬岩层的破坏过程,长的在来压前数十天即出现声响和其他异常现象,短的在来压前几天,甚至几个小时才出现预兆。因此,根据仪器测量的结果结合历次来压预兆的特征,可对大面积来压进行较准确的预报,避免造成灾害。

2. 顶板大面积来压的防治措施

顶板大面积来压的主要危险是由顶板垮落而形成的冲击载荷和井下暴风。防止和减弱其危害的基本原理是改变坚硬岩体的物理力学性能,以减少顶板悬露和垮落面积,以及减少顶板下落高度,以降低采空区空气排放速度。具体方法有以下几种。

(1) 顶板高压注水

它指从工作面两巷向顶板打深孔,进行高压注水。单巷注水钻孔布置在工作面下巷,与煤层顶板夹角 $17°\sim21°$ 向上斜插入顶板,煤层方向投影钻孔偏向采面与巷道夹角 $70°$,钻孔深度需超过 100 m,钻孔间距 30 m;双巷注水在上下巷中都有布置,下巷中钻孔与煤层顶板夹角 $45°$,孔深 25 m,上巷中钻孔与煤层顶板夹角 $17°\sim21°$,孔深 70 m,煤层投影方向布置与单巷注水方式一致,钻孔均指向采面方向。

顶板注水可以起到软化顶板、增加扩展裂隙,以及润滑弱面等作用。其主要机理是:注水后能溶解顶板岩石中的胶结物和部分矿物,减少层间黏结力;高压水可以形成水楔,扩大和增加岩石中的弱面裂隙。故注水后岩体的强度显著降低。岩层注水时间越长,软化系数越低。

(2)强制放顶

它指用爆破的方法人为将顶板切断,并使顶板垮落形成矸石垫层。切断顶板可以控制垮落面积,减弱顶板压力和垮落时产生的冲击载荷;而形成的矸石垫层可以减缓垮落时产生的暴风。为了形成垫层,放顶的高度可按照形成的厚度进行计算。根据实验,采空区中矸石充满程度达到采空和放顶高度之和的 2/3,就可避免过大的冲击载荷和形成风暴。因此,放顶高度可按式(4-8)计算。

$$H = \frac{3M}{3k_p - 2} \qquad (4\text{-}8)$$

式中　H——放顶高度;

　　　k_p——爆破形成岩块的碎胀系数;

　　　M——采高。

强制放顶的方法有以下几种。

① 循环浅孔放顶

对周期来压不是很严重的顶板,每 $1\sim2$ 个循环在工作面放顶线上打 $1.8\sim3.0$ m 深的一排钻孔,眼距 $1\sim5$ m,孔径 35 mm,倾角 65°～70°,装药量 150 g。其主要作用是,爆破后破坏顶板的完整性,形成矸石垫层。

② 步距深孔放顶

对来压规律强,其来压步距掌握又比较准确的顶板,在初次来压或周期来压前,沿工作面向顶板打 1～2 排钻孔,进行放顶。其主要作用是切割顶板,避免顶板大面积一次垮落。平时再配合浅孔放顶,能更有效控制顶板来压强度。

③ 台阶式放顶

其实质和工艺参数与步距式放顶完全相同,只是为了便于安排采面中的回采工作,将切顶线的两排钻孔按上下两部分分开。第一个循环先放一半工作面的顶板,第二个循环再放另一半。如此上下交替放顶,形成台阶状。

④ 超前深孔松动爆破

对于综采工作面,由于在工作面内无法设置向顶板打孔的设备,可在上下巷内分别向顶板打深孔。在工作面推进之前进行松动爆破,预先破坏顶板的完整性。钻孔间距应为顶板自然垮落步距的 2/3,钻孔与装药量则按照工作面长度和岩石硬度等因素确定。

此外对采用刀柱法的工作面,可在平巷或相邻的采场内向已采区顶板打深孔,之后进行爆破,将悬露的顶板强制放顶,消除隐患。

⑤ 地面深孔放顶

对于在开采历史上已造成大面积来压隐患的地区,目前又无法从井下采取措施时,可在采空区上方的地表打垂直钻孔,达到已采区域顶板适当位置,进行爆破,将悬露的大面积顶板崩落。这样将大面积采空区顶板切割成小块,减小大面积来压强度。

在开采煤层群时除了上述各种防治措施外,当下部煤层顶板较软弱,上部煤层有大面积来压危险时,先开采下部煤层,能使上煤层位于下煤层采后顶板的裂隙带内,产生松动和破坏,又可保持顶板一定的完整性,消除了来压隐患。

3.预防冲击暴风措施

有大面积来压的矿井或区域,可采用预防井下暴风措施,以免对生产和安全造成危害。预防井下暴风,一般采用堵和疏的方法。

堵,就是留置隔离煤柱和设置防风暴密闭,把已采区与生产区隔离起来。

疏,就是通过专门泄风道,使被隔离区域与地面相通,以便将形成的风暴引出地表。

应特别指出的是,这两种方法必须同时使用。隔离区域应当根据顶板垮落特性划分,一般采空范围可控制在 5 万~10 万 m^2。隔离煤柱的宽度在 15~20 m,煤柱中尽量不开掘联络巷道,如有通道,必须做好防风暴密闭,同时在被隔离的区域设好泄风道,如此才能有效起到隔离作用。

第五节 冲击地压安全防护措施

一、个体防护措施

安全防护措施是综合防治冲击地压技术措施的最后一道屏障。在不能根除冲击地压危险的情况下,为确保井下工人的人身安全和矿井的安全生产,必须研究落实安全防护措施。《防治煤矿冲击地压细则》第七十六条规定,人员进入冲击地压危险区域时必须严格执行"人员准入制度"。准入制度必须明确规定人员进入的时间、区域和人数,井下现场设立管理站。

冲击地压发生的机理至今仍处于假说阶段,虽然有一套行之有效的预测方法和防治冲击地压的措施,但因形成冲击地压的因素随机性很强,有时也难免出现一些偏差,必须有一套完整的安全防护措施,以保证工作人员的安全。安全防护措施可分为两部分:

一是尽量减少工作人员在冲击地压危险区域的逗留时间,主要措施是远距离爆破、震动性爆破等。进入防冲区域的所有人员必须按规定佩戴防冲帽、防冲背心、隔离式自救器等特殊的个体防护装备。

二、机电设备防护措施

有冲击地压发生的机理可知,采动应力集中区是最易发生冲击地压区域,当有冲击地压危险的采掘工作面发生冲击地压时,为了避免工作面内设备及物料的损坏,或降低工作面内设备及物料的损坏程度,必须采取积极主动的措施。第一,供电供液等设备应放置在采动应力集中影响区外,减少因震动或受到抛出的煤岩块的冲击致使设备受损。第二,危险区域内的其他设备、管线、物品等应采取固定措施,是为了降低设备及物料因瞬间发生位移而受到的破坏,减少因震动或受到抛出的煤岩块的冲击而使设备受损。

管路吊挂在巷道腰线以下,也是为了避免因震动或受到抛出的煤岩块的冲击而受到损害,同时避免发生冲击地压时管路因顶板下沉,底板的鼓起,发生挤压管路使管路断裂或者破损。另外巷道腰线以下的巷帮自底板向上一致,即使管子脱落也不至于受力过大和滚动碰撞。

三、巷道及采面出口安全支护措施

过去巷道支护采用的梯形木棚、梯形铁棚,都属刚性支护,冲击地压发生后,出现折断、冒顶、堵塞巷道,不利于人员脱险和救助以及以后的生产恢复工作。冲击地压危险区域的巷道必须加强支护,这样冲击地压发生时可以减少其破坏程度。

巷道支护可以改为U形钢可缩支架,冲击地压发生后支架连接处滑动收缩,使巷道保持一定的断面,不被摧垮,为人员脱险和恢复生产提供了保证。

帮顶支护改为全断面支护。过去架棚支护无论是梯形还是拱形,都是对巷道帮顶的支护,主要目的是防止冒顶。但进入深部后尤其是冲击地压区,周边都来压,底鼓占巷道收缩率的一半以上。主要原因就是底板承压力低,并且没有支护。现改用圆形支护,首先把巷道掘成圆形,再打上锚网,架上"O"形棚,使巷道成为一个加固圆筒,受压均匀,大大提高了支护强度。

工作面的上下出口和巷道的超前支护地段是应力集中区、容易发生顶板事故的地点,特别是有冲击地压危险区域的采面更应该加大采面上下出口和巷道超前支护范围和强度,以预防冲击地的发生,和降低冲击地压发生时带来的伤害。严重冲击地压危险区域的巷道如果发生底鼓说明底板的应力高度集中,随时可能发生冲击地压的危险,应该采取措施破坏底板的应力状态,防止应力的高度集中引发底鼓,经常采取的措施有对底板进行注浆加固和在巷道中切槽卸压等。

四、压风自救系统及避灾路线

冲击地压的发生通常具有三个特性:突发性、瞬时震动性、巨大破坏性。根据冲击地压发生时的特性可知,当井下工作场所发生冲击地压时,工人时间上来不及撤离现场。因此在有冲击地压危险的工作场地必须设置一些自救系统,如压风自救系统。

采掘工作面压风自救系统应包括供压风的管道、管道连接装置、管道阀门、压力表、汽水(油)分离装置、压风自救装置等。压风自救装置主要设置在采掘工作面内的爆破地点、警戒人员和人员撤离达到地点、进回风巷道有人作业地点及避难所应设压风自救点等。压风自救系统应符合相应的安装及使用标准,确保安全可靠使用。《防治煤矿冲击地压细则》要求,有冲击地压危险的采掘工作面必须设置压风自救系统。应当在距采掘工作面 25~40 m 的巷道内、爆破地点、撤离人员与警戒人员所在位置、回风巷有人作业处等地点,至少设置 1 组压风自救装置。压风自救系统管路可以采用耐压胶管,每 10~15 m 预留 0.5~1.0 m 的延展长度。

冲击地压矿井的采掘工作面按规定要求,必须标明发生冲击地压时,受到威胁的工作人员按照某种指示路线,撤离到安全地点,这条路线称之为冲击地压危险的避灾路线。《防治煤矿冲击地压细则》八十五条规定,冲击地压危险区域的作业人员必须掌握作业地点发生冲击地压灾害的避灾路线以及被困时的自救常识。井下有危险情况时,班组长、调度员和防冲专业人员有权责令现场作业人员停止作业,停电撤人。

复习题

一、判断题

1. 煤的抗压强度是判定冲击地压危险性的影响因素之一。
(   )

2. 冲击地压危险状态评定综合指数 W_t,是将地质因素和开采技术这两个评定指数平均后求得。(   )

3. 计算机的数值模拟对于冲击矿压的研究,仅能作为一种近似方法使用。(   )

4. 测定煤岩冲击倾向性的钻屑法,其钻屑量的变化曲线与支承压力分布曲线十分相似。(   )

5. 钻屑法中,排粉量是唯一反应冲击倾向性的直观指标。
(   )

6. 微震法中所检测的震动,是由于地下开采造成岩体断裂破坏的结果。(   )

7. 地音法,是根据记录到的岩体声发射参数与局部应力场的变化来进行的。(   )

8. 电磁辐射法的原理依据是,煤岩受载变形破裂过程中会向外辐射电磁能量。(   )

9. 在冲击地压的预测工作中,仅用一种方法判定即可。(   )

10. 松动爆破、煤层注水、钻孔卸压等冲击危险解危措施是治

理冲击地压的根本性措施。（　　）

11. 开采冲击地压煤层时，在应力集中区内不得布置两个工作面同时进行采掘作业。（　　）

12. 开采地压解放层是防治冲击地压最为有效且具有根本性的区域性防范措施。（　　）

13. 震动爆破的目的是，最大限度地释放积聚在煤体中的弹性势能，在采面附近及巷道两帮形成卸压破坏区，使得压力集中区向煤体深部延伸。（　　）

14. 顶板爆破就是将顶板人为破坏，降低期强度，释放因压力而聚集的能量，减少对煤层和支架的冲击震动。（　　）

15. 煤层注水的原理是，煤岩层的单轴抗压强度随着其含水量的增加而增加。（　　）

16. 钻孔卸压实质是利用高应力条件下煤层中积聚的弹性势能来破坏钻孔周边的煤体，使煤层卸压、释放能量，缓解冲击危险。（　　）

17. 顶板大面积来压主要是由于坚硬顶板被采空面积超过一定的极限值，引起大面积垮落而造成的剧烈动压现象。（　　）

18. 顶板大面积来压防范措施中需要有预防暴风措施。（　　）

19. 人员进入冲击地压危险区域时必须严格执行"人员准入制度"。准入制度必须明确规定人员进入的时间、区域和人数，并下现场设立管理站。（　　）

20. 井下有冲击危险情况时，班组长、调度员和防冲专业人员有权责令现场作业人员停止作业，停电撤人。（　　）

二、单选题

1. 以下冲击地压防治工作中，首先进行的是（　　）。

A. 煤岩层冲击地压危险性的评定

B. 冲击地压区域性防治措施

C. 局部解危措施

D. 避灾自救常识培训

2. 冲击地压危险性评价中不属于地质条件的因素是(　　)。

A. 是否发生过冲击地压　　　B. 开采深度

C. 与采空区距离　　　　　　D. 煤的力学性质

3. 下列措施对煤岩层冲击倾向性影响最小的因素是(　　)。

A. 处于构造应力集中区　　　B. 开采过上覆保护层

C. 煤层进行瓦斯抽放　　　　D. 煤层注水

4. 钻屑法中各个钻孔钻屑量的变化与(　　)分布曲线十分相似。

A. 时间先后　　　　　　　　B. 支承压力

C. 瓦斯压力　　　　　　　　D. 煤质差异

5. 区分微震法与地音法的根本指标是(　　)。

A. 煤岩层动力现象的强弱

B. 检测设备的不同

C. 实时抽检与连续监测的区别

D. 主动激发与被动监测的区别

6. 下列不属于冲击地压的预测预报原则的是(　　)。

A. 将区域预报与局部预报相结合

B. 将早期预报与及时预报相结合

C. 多种方法综合评定

D. 以往经验起到决定性作用

7. 下列冲击地压区域性防治原则错误的是(　　)。

A. 合理布置开采顺序,避免形成应力集中区

B. 可预留刀煤柱便于顶板爆破局部防治措施

C. 有冲击危险性的煤层中,永久硐室与主要巷道要布置在底板岩层或无冲击倾向性的煤层中

D. 开采具有冲击倾向性的煤层,应尽量采用全部垮落法处理

采空区

8. 下列对于矿压解放层叙述错误的是(　　)。

A. 开采解放层可完全消除冲击地压危险

B. 开采解放层在空间上有一定有效范围

C. 开采解放层在仅能使被保护层在一定时间内有效卸压

D. 采空区处理方式对开采保护层的卸压效果有一定影响

9. 下列不属于震动爆破形式的是(　　)。

A. 震动卸压爆破　　　　　　B. 震动落煤爆破

C. 顶板爆破　　　　　　　　D. 底板爆破

10. 垂直于采面煤壁向煤体深处打 10～20 m 钻孔进行注水属于(　　)。

A. 短钻孔注水　　　　　　　B. 长钻孔注水

C. 静压区注水　　　　　　　D. 动压区注水

11. 下列不属于定向裂隙措施范围的(　　)。

A. 定向爆破裂隙　　　　　　B. 钻孔卸压

C. 周向水力预裂隙　　　　　D. 轴向水力预裂隙

12. 下列不属于顶板大面积来压成因的是(　　)。

A. 顶板软弱,塑形大　　　　B. 顶板坚固,难垮落

C. 受到强挤压地应力　　　　D. 顶板积蓄巨大弹性应力

13. 顶板大面积来压相较一般冲击地压最显著的次生灾害是(　　)。

A. 煤岩体突然垮落或抛出　　B. 极大声响,岩体震动

C. 形成巨大暴风　　　　　　D. 堵塞巷道,隔绝通风路线

14. 下列不属于冲击地压安全防护措施的是(　　)。

A. 个体防护措施

B. 机电设备防护措施

C. 巷道及采面出口安全支护措施

D. 瓦斯电闭锁防护措施

15. 下列法规条例没有明确涉及矿井冲击地压防治内容的是（   ）。

A.《煤矿安全规程》

B.《防治煤矿冲击地压细则》

C.《中华人民共和国劳动法》

D.《中华人民共和国矿山安全法》

三、多选题

1. 地质条件影响冲击矿压危险状态的因素有（   ）。

A. 开采深度　　　　　　　B. 顶板坚硬岩层

C. 构造应力集中　　　　　D. 煤层冲击倾向性

2. 开采技术条件影响冲击矿压危险状态的因素有（   ）。

A. 停采线位置　　　　　　B. 开采区域构造应力集中

C. 未卸压煤层厚度　　　　D. 采空区处理方式

3. 电磁辐射对冲击地压进行预测预报的方法有（   ）。

A. 临界值法　　　　　　　B. 平均值法

C. 偏差方法　　　　　　　D. 最大值法

4. 下列矿井设计符合防治冲击地压要求的是（   ）。

A. 划分采区时,应保证合理的开采顺序,最大限度地避免形成岛煤柱等强应力集中区

B. 采区或盘区的采面布置应朝向一个方向推进,避免相向推进开采,防范应力集中

C. 在地质构造等重点区域,采取避免或减缓应力集中和叠加的工艺措施

D. 开采有冲击地压危险的煤层,应尽量采用不留煤柱垮落法管理顶板,回采推进导线尽量为直线且有规律地推进

5. 关于防治冲击地压措施中的开采解放层,下列说法正确的有（   ）。

A. 先开采的解放层必须根据煤层赋存条件选择无冲击倾向

性或弱冲击倾向性的煤层

B. 开采保护层治理效果,仅在开采的时间、空间上一定范围内起到卸压效果

C. 保护层开采时一般可在采空区内留设煤柱

D. 开采保护层改变了下部煤岩层整体煤岩结构和属性,释放了围岩潜在的弹性势能

6. 震动爆破的形式有( )。

A. 震动卸压爆破　　　　　B. 震动落煤爆破

C. 震动卸压落煤爆破　　　D. 顶板爆破

7. 煤层注水的形式有( )。

A. 静压注水法　　　　　　B. 短钻孔注水法

C. 长钻孔注水法　　　　　D. 综合注水法

8. 制造定向裂缝的方法有( )。

A. 机械凿岩裂缝法　　　　B. 定向水力裂缝法

C. 定向爆破裂缝法　　　　D. 刀煤柱裂缝法

9. 下列属于顶板大面积来压特点的有( )。

A. 大面积顶板在极短时间内冒落

B. 将空间空气瞬间挤出,形成破坏力暴风

C. 可影响至地表,形成塌陷区

D. 巷道中超前压力较明显

10. 冲击地压危险性地区应有的安全防护措施有( )。

A. 操作人员个体防护

B. 冲击地压危险区域巷道采取的加强支护措施

C. 避灾演练与自救常识

D. 设备的防倒防冲击措施

四、简答题

1. 顶板大面积来压的预兆有哪些?

2. 试列举评判冲击地压危险性的各项因素。

3. 冲击地压的区域防范措施要遵循哪些设计原则？

4. 卸压爆破的实施步骤有哪些？

5. 简述冲击地压治理工作中,危险性评价、区域性防治措施与局部解危措施的关系。

第五章　冲击地压事故救援

第一节　救援总则

一、救援原则

（1）坚持以人为本，按照"安全第一，预防为主，快速有效，救人优先"的原则，对发生的安全生产事故实行统一指挥、分级负责、积极救援，最大限度减少人员伤亡及国家财产的损失。

（2）平战结合，专兼结合。充分发挥各基层单位应急救援第一响应的作用，将日常工作、训练、演习和应急救援工作相结合。充分利用现有专业力量，引导、鼓励一队多能、一人多长。培养和发挥兼职、辅助应急救援的作用。

（3）依靠科学，依法规范。充分发挥专家的作用，实现科学民主决策。依靠科技进步，采用先进的技术，不断改进和完善应急救援的装备、设施和手段，提高应急救援的处置技术水平。

（4）坚持"优先"原则。受困人员和应急救援人员的安全优先；防止事故扩大优先；保护环境优先。

（5）坚持"防止事故扩大，缩小影响范围"的原则。

（6）坚持保护救援人员生命安全的原则。

（7）坚持利于恢复生产的原则。

（8）落实"两项权利"。一是职工现场紧急避险权，二是调度人员、带班人员、班组长、瓦斯检查工四类人员紧急情况下遇险处置权。

二、成立应急救援指挥机构

成立矿井冲击地压事故应急救援指挥部(以下简称指挥部),加强对应急救援工作的组织领导。下设应急救援指挥部办公室(简称指挥部办公室),并设置应急救援专业小组。详见图5-1。

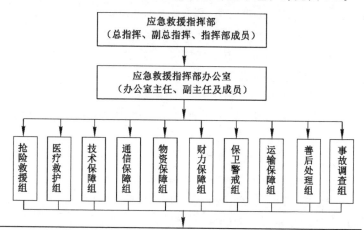

图 5-1　应急救援指挥机构

(一) 应急指挥部的工作职责

(1) 负责及时组织应急救援力量,依照应急预案相关处置方案投入抢险救援。

(2) 负责及时组织、调拨应急救援物资、器材、装备,保障应急救援资源充足。当矿内的应急资源不能满足现场应急之需要时,及时向集团申请扩大应急。

(3) 根据事故、事件具体情况,负责对抢险救援方案进行决策指导。

（4）对事故或事件善后处置、矿区秩序维护、事故的调查处理、恢复生产等项工作进行检查和督促落实。

（二）总指挥应急工作职责

（1）负责确认矿井生产安全事故及突发事件性质、级别、危害程度等因素，决定是否启动预案。

（2）负责矿生产安全事故和突发事件的全面指挥。

（3）负责应急救援力量、救援物资调配命令的下达。

（4）负责扩大应急申请的批准。

（5）负责对应急救援中发生的争议问题进行决断。

（6）负责应急结束条件的确认，决定是否下达应急结束的命令。

（三）副总指挥应急工作职责

（1）协助总指挥进行应急救援的组织工作。

（2）监督检查预案的执行和落实情况，遇相关问题及时向指挥长汇报和请示。

（3）负责对应急救援资源的保障、供给工作进行督办。

（4）负责对应急救援过程、事故事件发生区域的警戒保卫工作进行全面安排和落实。

（5）负责应急救援过程以及应急结束后职工思想安抚、补偿帮助、家属接待、善后处理等工作的全面安排。

（四）指挥部成员应急工作职责

（1）听从正、副总指挥的命令，履行应急职责。

（2）按照应急指挥部的统一部署，完成正、副总指挥交办的应急工作任务。

（3）根据应急救援的需要，提供本业务范围内相关技术资料、技术数据，及时提供技术支持。

（4）负责对应急救援处置措施执行情况进行监督，发现问题及时向正、副总指挥汇报。

（5）对应急救援出现的异常问题和情况，及时向正、副总指挥汇报。

（6）负责组织对受伤人员的护送，确保及时救治。

（7）负责对遇险职工疏散转移，及时安排好他们的食宿及其他生活事宜。

（8）负责对遇险人员及其亲属的安置和服务工作。

（9）协助正、副总指挥做好应急现场的治安保卫、车辆调配、通信联络、物资调配、上情下达、下情上报等工作。

（五）各救援小组副总工程师应急工作职责

（1）听从正、副总指挥的命令，履行应急职责。

（2）按照应急指挥部的统一部署，完成正、副总指挥交办的应急工作任务。

（3）根据应急救援的需要，提供本业务范围内相关技术资料、技术数据，及时提供技术支持。

（六）指挥部成员单位职责

1. 采煤区应急救援职责

（1）参与分管业务范围内事故应急救援方案的研究制定。

（2）根据指挥部命令，参与应急救援工作。

（3）参与分管业务事故调查处理工作。

2. 开掘区应急救援职责

（1）参与分管业务范围内事故应急救援方案的研究制定。

（2）根据指挥部命令，参与应急救援工作。

（3）参与分管业务事故调查处理工作。

3. 机运区应急救援职责

（1）参与分管业务范围内事故应急救援方案的研究制定。

（2）负责应急救援通信和井下运输保障。

（3）根据指挥部命令，参与应急救援工作。

(4) 参与分管业务事故调查处理工作。

4．物管站应急救援职责

(1) 发生事故时提供各种设备、设施、器材、材料等救援物资。

(2) 根据指挥部命令，调拨应急救援所需的各类支护材料。

(3) 参与分管业务范围内事故应急救援方案的研究制定。

(4) 根据指挥部命令，参与应急救援工作。

(5) 参与分管业务范围事故调查处理工作。

5．通风区应急救援职责

(1) 提供翔实的"一通三防"方面技术资料。

(2) 参与分管业务范围内事故应急救援方案的研究制定。

(3) 根据指挥部命令，参与应急救援工作。

(4) 参与分管业务事故调查处理工作。

6．防突区应急救援职责

(1) 参与分管业务范围内事故应急救援方案的研究制定。

(2) 根据指挥部命令，参与应急救援工作。

(3) 参与分管业务事故调查处理工作。

7．安检科应急救援职责

(1) 参与事故应急救援方案的研究制定。

(2) 发生事故时做好事故的调查处理工作。

(3) 根据指挥部命令，参与应急救援工作。

8．地测队应急救援职责

(1) 提供翔实的水文、地质资料。

(2) 参与分管业务事故应急救援方案的研究制定。

(3) 根据指挥部命令，参与应急救援工作。

(4) 参与分管业务事故调查处理工作。

9．办公室应急救援职责

(1) 根据矿领导指示，正确引导媒体和公众舆论。

(2) 对应急救援队伍及相关人员提供后勤、资源保障和服务。

10.总办室应急救援职责

（1）参与事故应急救援方案的研究制定。

（2）负责提供翔实的相关技术资料。

（3）发生事故时,参与事故调查分析和处理工作。

（4）根据指挥部命令,参与应急救援工作。

11.计划科应急救援职责

（1）参与分管业务范围内事故应急救援方案的研究制定。

（2）根据指挥部命令,参与应急救援工作。

（3）参与分管业务范围事故调查处理工作。

12.工资科应急救援职责

（1）事故发生后,负责提供职工相关信息等保障工作。

（2）参与赔偿、工伤保险等善后处理工作。

13.财务科应急救援职责

负责事故应急救援所需资金的筹措和调拨。

14.保卫科应急救援职责

（1）负责人员疏散、戒严和维持秩序、交通等工作。

（2）参与分管业务范围内事故应急救援方案的研究制定。

（3）根据指挥部命令,参与应急救援工作。

（4）参与分管业务事故调查处理工作。

15.生活管理中心应急救援职责

（1）对应急救援队伍及相关人员提供就餐、饮水、休息等后勤服务保障。

（2）参与分管业务范围内事故应急救援方案的研究制定。

（3）根据指挥部命令,参与应急救援工作。

（4）参与分管业务事故调查处理工作。

16.工会应急救援职责

参与事故调查和赔偿等善后处理工作,协助做好职工稳定工作。

17. 救护队应急救援职责

发生事故时,组织救护队员进行事故灾难抢险救援工作。

18. 职工医院应急救援职责

发生事故时负责医疗救护和卫生防疫工作,派遣医疗救护人员赶赴现场进行救治。

19. 汽车队应急救援职责

担负应急救援所需要的物资及其他方面的运输。

(七)应急指挥部办公室应急状态下职责

(1)发生自然灾害、生产安全事故、公共卫生事件和社会安全事件时,全面负责应急总指挥、总协调,承担应急救援指挥部办公室职能。

(2)负责生产安全事故和突发事件应急救援通信联络、应急处置信息的接收传递和下情上报。

(3)督促和落实各专业救援工作小组应急处置措施执行。

(4)参与制定救援方案及相应的安全技术措施,了解其执行情况和相关信息,及时为应急指挥部提供决策依据。

(5)负责客观、准确地做好事故、事件应急救援实施过程的记录。

(6)配合有关部门做好事故事件的善后处理和事故事件调查等工作。

(八)应急救援各专业小组工作任务及组长职责

1. 抢险救援组

工作任务:负责现场勘查、侦察;搜寻遇险、被困人员;抢救、搬运遇险和被困人员;引导、疏散危险区域和威胁区域的人员;采取有效措施,防止事故(事件)的进一步扩大,控制次生、衍生事故的现场抢险救援工作。

组长应急救援职责:

(1)执行救援命令,服从领导指挥,遵守应急救援操作规章制度和程序。

（2）负责完成现场侦察任务。

（3）负责完成搜寻遇险人员的任务。

（4）抢救遇险、被困人员。

（5）负责引导、疏散在事故危险区域和灾害威胁区域的人员。

（6）采取有效措施，防止事故、事件进一步扩大，控制次生、衍生事故发生。

（7）负责将现场应急救援相关信息及时向应急指挥部汇报和请示。

2. 医疗救护组

工作任务：负责事故发生后医疗救护工作。

组长应急救援职责：

（1）根据事故、事件的性质，及时组织和调集医疗应急救援队伍。

（2）召集应急救援队伍携带医疗急救器械、药品、物品到指定地点集结。

（3）迅速组织对负伤、中毒人员进行现场抢救。

（4）迅速组织对负伤、中毒人员护送至医院实施抢救。

（5）发现应急救援资源不能满足抢救时，迅速申请扩大应急。

3. 技术保障组

工作任务：参与现场抢险救援，研究确定现场重大技术决策，指导制定抢险救援方案和相应的安全措施，为应急救援提供技术支持；参与事故（事件）的性质鉴定和调查工作。

组长应急救援职责：

（1）参加现场抢险救援，协助制定抢险救援方案及相应的安全技术措施，对抢险救援工作进行技术指导，为抢险救援指挥部科学决策提供技术支持。

（2）参与事故、事件的鉴定、调查工作。

（3）完成应急救援指挥部交办的其他工作。

4．通信保障组

工作任务：应急救援通信设备管理、维护等，负责通信保障。

组长应急救援职责：

（1）保障应急指挥通信畅通。

（2）接受上级应急救援的命令或指示，及时进行信息处理和报告，及时传达应急救援的命令。

（3）按照应急指挥部的命令，负责临时性应急通信器材的供应。

（4）按照应急指挥部的命令，负责临时性应急通信线路的架设，并保障通信畅通。

5．物资保障组

工作任务：各种应急救援装备、物资的购置、储备、保管及调配，负责应急救援物资保障。

组长应急救援职责：

（1）根据应急指挥部的命令，保证应急救援应急救援物资的供应。

（2）根据应急救援工作的需要，做好抢险救援所需物资协调、调运工作。

（3）一旦发现应急救援物资不能满足应急现场需求，及时申请扩大应急。

6．财力保障组

工作任务：应急救援各类费用的筹措和调拨。

组长应急救援职责：负责事故、事件应急救援所需资金的筹措和调拨。

7．运输保障组

工作任务：地面救援车辆的维护、调配，负责地面车辆保障。

组长应急救援职责：

（1）立即调配所有车辆，及时投入应急救援工作。

（2）发现车辆不能满足应急需求时，及时进行扩大应急申请。

8. 保卫警戒组

工作任务：抢险救援的警戒设置、交通疏导和秩序维护工作。

组长应急救援职责：

（1）按照应急指挥部的命令，负责事故、事件应急救援现场警戒线的划定并实施警戒。

（2）负责事故（事件）现场的保护。

（3）对应急救援指挥部等要害地点设置专人警戒，维持事故、事件区域的正常秩序，不准闲杂人员进入，严禁闲杂人员在应急救援现场逗留、围观。

（4）对事故现场周边的交通秩序进行维护，确保应急救援车辆畅通。

9. 善后处理组

工作任务：妥善安排遇难者亲属善后处理期间的生活和遇难者丧葬、补偿、赔偿等事宜。

组长应急救援职责：

（1）负责应急救援善后相关事宜的处置，对受伤人员家属接待、安置和后勤服务。

（2）对伤亡人员或其家属进行安抚，依照相关法规和标准补偿、赔偿。

10. 事故调查组

工作任务：进行事故（事件）现场勘查，认定事故（事件）性质，统计事故（事件）损失，组织事故追查、处理工作，编写事故追查报告。

组长应急救援职责：

（1）负责事故（事件）现场勘察。

（2）组织相关人员对事故（事件）进行追查、分析。

（3）对事故（事件）的性质做出认定。

（4）统计事故（事件）的损失。

（5）提出对事故（事件）责任者的处理建议。

（6）制定事故（事件）预防措施。

（7）依照应急救援指挥部规定期限提交事故（事件）追查报告。

（8）协助和配合上级部门对事故（事件）的勘察、追查分析工作。

第二节　冲击地压事故现场处置

一、处置原则

1. 统一指挥原则

抢险救援必须在指挥部的统一领导和具体指导下开展工作。

2. 自救互救原则

事故发生初期，应按照本矿《冲击地压事故专项应急预案》积极组织抢救，并迅速组织遇险人员沿本矿《矿井灾害预防与处理计划》中规定的避灾路线撤离，防止事故扩大。

3. 安全抢救原则

在事故救援过程中，应采取措施确保救护人员的安全，严防救援过程中发生事故。事故现场勘察工作由专业救护人员完成，其他任何人员未经指挥部许可严禁进入险区。

4. 通信畅通原则

井上下应设立专线指挥电话，并保持畅通。

二、处置程序

（1）现场发生冲击地压事故，现场人员应迅速撤离至安全处，基层单位现场带班干部立即向调度室汇报，并向队值班干部进行汇报。

（2）发生不影响通风系统安全运行但造成设备损坏、生产中止的顶板事故，基层单位组织力量在保证安全的前提下，及时实施抢险，防止事故扩大。

（3）发生造成人员被堵、被埋的顶板事故，已经或可能影响通风系统运行，调度室接警人员要立即向当天值班长和应急救援领导总指挥汇报，同时通知事故影响范围内的所有作业人员按照避灾路线撤出。应急救援领导总指挥下令启动矿级应急预案，实施应急救援工作。

（4）控制危害来源，防止发生次生事故，及时、有效地采取加固措施，控制现场顶板安全。

（5）抢救受伤人员，有序、高效、迅速地进行现场急救与安全转送伤员，降低死亡率，减少事故损失。

（6）指导和组织事故现场波及人员撤离。组织事故波及人员采取各种措施自救和互救工作，并迅速撤离出危险区或可能受到事故影响区域。

（7）查找事故原因，估算危害程度。事故发生后应及时调查事故发生原因和性质，估算事故波及范围和危险程度，查明人员伤亡情况，做好事故调查处理工作。

三、处置措施

1. 采煤工作面处置措施

（1）发生冲击地压事故后，要分析发生变形、顶板冒顶的原因，分析巷道顶板岩性，判断冒顶的范围、大小，根据现场情况和分析结果编制有针对性的安全措施。

（2）处理冒顶事故的主要任务是抢救遇险人员及恢复通风。若事故地点通风不好，要切断事故影响区域内动力电源，对开关进行闭锁。必须设法加强通风。

（3）处理冒顶前，组织在场有经验的人员，迅速加固冒落区附近的支护。使用棚子支护的，应根据围岩压力大小加密棚子，把棚子扶正扶稳。棚子之间要安装好拉杆等,使支架形成一个联合体,棚子顶帮要背严背实。使用其他支护方式的也需要采取补棚子等加强措施。

(4)在保证抢救人员的安全的前提下,采取各种可能的方法,尽快抢救遇险人。抢救遇险人员时,首先应直接与遇险人员联络或用呼叫、敲打等方法来判定遇险人员所在的位置和人数,与他们保持联系,并鼓励他们配合抢救。在处理冒顶时,必须采取临时支护,严禁空顶作业,防止二次冒落。

(5)抢险救援过程中,指派有经验的人员观察顶板情况,如顶板有继续冒落危险,应立即发出警报,撤出人员,待顶板趋于稳定并无冒落危险后再进行抢救工作。处理垮落巷道的方法有木垛法、搭凉棚法、撞楔法、打绕道法等。

(6)利用压风管、水管、沿煤壁掏小洞、打钻孔等,向遇险人员输送新鲜空气、水和食物。

(7)现场人员不可惊慌,先用材料或工具将矸石撑住,使其不再继续下滑,然后迅速清理埋压人员周围及身上矸石、碎煤将其扒出。如大块矸石埋压结实,利用千斤顶等起重工具,将矸石或支护材料支起,再进行抢救。

(8)被压、埋人员的自救及急救方法如下:

① 如果遇险人员的头部和胳膊在外,其余部分被压埋,只要身上覆盖物不多,又未受重伤,就应试着往外爬,尽早脱离冒顶区。

② 如果身上被压埋的东西较多,又受重伤自己无法脱险,只要不影响呼吸,就不应急于往外爬,防止受伤加重,应等待外面来人抢救。

③ 若冒顶面积较大,遇险人员整个身体都被埋住,不可能爬出来,但正好处于支架倾倒而形成的有限空间内,这样只能依靠自救,保证正常呼吸。若有外伤、出血应进行止血;如果没有受伤,应保持冷静的头脑,等待外面的抢救。

（9）救出伤员后及时进行止血、包扎、骨折固定等救护措施，发生休克的要及时予以抢救并迅速送往医院急救。

（10）应急处置完毕，必须有专人在现场观察应急处置的效果，确认无误后，应急处置人员方可撤离。

2. 掘进工作面处置措施

（1）掘进工作面发生冒顶后，跟班干部分析发生冒顶的原因，分析巷道顶板岩性，判断冒顶的范围、大小，根据现场情况和分析结果编制有针对性的安全措施。

（2）掘进工作面发生冒顶后，电工切断事故影响区域内动力电源，对开关进行闭锁，班长组织人员设法加强通风。

（3）处理冒顶前，班组长组织在场有经验的人员，迅速加固冒落区附近的支护。使用备用的单体柱和棚子采取加强支护。

（4）跟班干部在保证抢救人员安全的前提下，采取各种可能的方法，尽快抢救遇险人员。抢救遇险人员时，首先应直接与遇险人员联络或用呼叫、敲打等方法来判定遇险人员所在的位置，与他保持联系，并鼓励配合抢救。在处理冒顶时，必须采取临时支护，严禁空顶作业，防止二次冒落。

（5）抢险救援过程中，跟班干部指派班组长观察顶板情况，如顶板有继续冒落危险，应立即发出警报，撤出人员，待顶板趋于稳定并无冒落危险后再进行抢救工作。处理垮落巷道的方法有木垛法、搭凉棚法、撞楔法、打绕道法等。

（6）发现被埋人员后，先用材料或工具将矸石撑住，使其不再继续下滑，然后迅速清理被埋人员周围及身上矸石、碎煤将其扒出。如大块矸石埋压结实，利用千斤顶等起重工具，将矸石或支护材料支起，再进行抢救。

（7）应急处置完毕，必须有专人在现场观察应急处置的效果，确认无误后，应急处置人员方可撤离。

（8）在灾情超出现场救援指挥小组的处置能力时，迅速组织人员撤退至安全区域,提出增援申请。

(9)冒顶恢复前,有关工程技术人员必须深入现场,了解现场情况,制定切实可行的措施,从外向里对巷道进行重新加固支护。

3. 堵塞困在独头巷道内应采取的措施

(1)被困人员应沉着冷静,有班队干部(或临时选出的班队干部)统一指挥,只留一盏灯提供照明使用,并用铁锹、铁棒、石块等不停地敲打管道,向外报警,使救援人员能及时发现目标。

(2)救援人员应探明冒顶区范围和被堵截的人数及位置,并分析抢救和处理条件,采取可靠的抢救方法。

(3)救援人员应利用压风管、水管向堵截区人员供给新鲜空气。

(4)救援人员应实地查看冒顶区周围支护及顶板情况,在危及救援人员安全时,应由外向里加强支护,保证退路安全畅通。

(5)对于被堵截的人员,救援人员应在支护好顶板的情况下,用掘小巷、绕道通过垮落区或使用矿山救护轻便支架直接穿越垮落区接近他们。

(6)应设专人检查瓦斯和观察顶板情况,发现异常,立即撤出人员。

(7)清理堵塞物时,使用工具要小心,防止伤害遇险人员;遇有大块矸石、金属网、铁梁等物压人时,可使用千斤顶、液压起重器、起重气垫等工具进行处理。

4. 建筑物坍塌现场处置措施

(1)一旦发生倒塌垮落压埋人员事故,现场事故发现第一人必须立即向矿调度室和所属基层单位队长(厂长)汇报,简要说明事故时间、地点、性质、影响范围。

(2)立即疏散建筑物倒塌危险受威胁区域的群众,并安排人员对事故现场设置警戒。

(3)切断水、电、气的来源,控制并消除火灾事故。厂房坍塌后往往电线电缆漏电、水管漏水,现场自救小组应首先切断坍塌厂房的水、电的供应,控制并尽快消灭事故的次生灾害,防止事故进一步扩大,为抢险救人工作创造条件。

(4)现场侦察,了解情况。迅速了解倒塌厂房的情况,主要内容如下:

① 坍塌厂房的地理位置、平面布局、建筑结构形式,坍塌的部位、范围。

② 可能的受害人数,以及所处具体位置。

③ 哪些部位有存活空间,受害人存活的可能性。

④ 现场会不会引发墙体的坍塌,造成二次伤亡事故。

(5)迅速在现场清除障碍,开辟出一块空阔地和进出通道,确保现场拥有一个急救平台和一条供救援车辆进出的通道。

(6)组织人员将尚未倒塌的墙体用铲车或叉车向外拉倒,防止墙体向内倒塌造成被埋人员或救助人员的创伤。

(7)由外至内、从简到难展开排险救生工作。在排除二次倒塌危险的情况下,首先抢救由于建筑通道受破坏而无法逃生的受困人员。

① 组织人员立刻对屋顶砖瓦、木檩条清理出现场。

② 搜救倒塌建筑物内的幸存者。在搜救过程中必须派1~2名监视员,监视作业区建筑情况,防止发生不必要的伤害。

③ 在搜救过程中,为了减轻受困人员的伤害,能抢救更多的人员,在有存活者的情况下,尽量间接使用、少用或不用大型铲车、推土机、吊车等工程车辆。

(8)对抢救出的受伤人员,要迅速进行现场急救。

现场急救应本着"有血先止血、有骨折先固定、有脊柱损伤搬运时防止损坏神经"的原则根据伤害情况进行救护。

人员轻微伤害时,应将受伤人员迅速撤离到安全地带,根据伤情及时救治。

① 人员重伤时,救护时要保护受伤部位不再扩大,请求专业人员进行救护。

② 人员出现休克、昏迷应及时进行心脏挤压或人工呼吸,立即送往医院救治。

(9) 事故现场的处理:事故抢险后,仍然要派人监护现场,并保护好现场,接受事故调查,协助上级安全管理部门调查事故原因,核定事故损失,查明事故责任。未经上级安全监督管理部门的同意,不得擅自清理事故现场。

5. 注意事项

(1) 应急抢险人员应佩戴齐全矿灯、自救器、安全帽、衣物及毛巾等符合标准的个人防护用品,做好自我防护。

(2) 抢险救援器材应采购正规有资质厂家生产的,要严格控制采购、入库、存放过程及使用前的检查验收,并按规定使用。

(3) 当发生顶板事故时,在事故地点及附近的职工应认真分析判断灾情,迅速向矿调度室汇报,及时向可能波及区域的人员发出警报通知,撤离到安全地点。当冒顶范围较大、堵塞通风线路、情况紧急时,受影响范围的人员应立即撤退至有新鲜风流处。如被困在独头巷道中无法撤退时,应保持冷静,避免体力过度消耗,等待救援。现场负责人要根据现场人员及事故情况迅速判断事故抢救的最佳对策和切入点,对现有人员进行合理分工,要求职责分明,任务到人。在加强防护、保证自身安全的前提下,积极妥善地组织抢救工作。

(4) 现场人员要坚持"及时报告灾情、积极抢救、安全撤离、妥善避灾"的原则,防止事故蔓延,降低事故损失。对抢救出来的伤员,要先采取现场急救措施,再升井开展进一步抢救。

(5) 发生顶板事故后,现场负责人要迅速集中剩余人员,分析判断事故影响程度和人员伤亡情况并详细汇报,特别是人员和物质不足要及时汇报请求支援,指挥部要根据事故情况和现场人员及物资的配备情况迅速决定采取对策和是否请求上级支援。

（6）处理事故时，要坚持保护人员安全优先，进行合理支护，防止二次冒顶。

（7）建（构）筑物坍塌如遇到大雨、大雪天气，还要配备相应的雨衣、雨鞋等用具。

（8）夜间照明设备要配备，防止夜间突发事件的发生。

（9）应急救援结束后，应急处置小组应组织人员对本次应急处置工作进行总结，找出存在问题。

第三节　同时引发其他事故的救援

一、瓦斯、煤尘爆炸

1.事故应急处置程序

（1）应急指挥部接到瓦斯、煤尘爆炸事故汇报后，立即向指挥长汇报，由指挥长决定并下令启动"一级响应"警报，启动矿井瓦斯、煤尘爆炸事故应急预案，按照事故电话通知顺序通知相应领导和有关单位并成立现场处置小组，并通知井下受威胁区域的人员撤离到安全地点。同时向集团应急救援领导小组办公室（总调度室）汇报。

（2）瓦斯、煤尘爆炸区域和受威胁区域的单位跟班干部或现场人员组织现场自救和互救，按照瓦斯、煤尘事故避灾路线撤离灾区，并及时向矿应急指挥部汇报，简要说明事故时间、地点、性质、可能影响范围。

（3）基层单位队长根据矿应急指挥部指令组织完成有关抢救和灾害处理工作。

（4）如果瓦斯、煤尘爆炸事故较大，矿方无法独自完成抢险救援工作，矿应急指挥部应立即向上级主管部门请求援助。

2. 现场应急处置措施

（1）发生瓦斯、煤尘爆炸事故后，现场带班人员、班组长或瓦检员立即下达人员撤退命令，尽快撤出灾区人员以及受灾区影响的人员，采取一切有效措施救助灾区和可能影响区域内的遇险遇难人员，及时救治受伤和中毒人员，尽量避免或减少人员伤亡。

（2）发生瓦斯、煤尘爆炸事故后，应急救援指挥部立即发布矿井停电命令，远距离切断灾区和受影响区域的电源。断电时必须从远距离断电，防止产生电火花引起瓦斯二次爆炸（从中央或采区上部变电所断电）。

（3）充分利用人员定位系统清点井下及灾区人员，判定遇险人员人数、位置及生存条件，控制入井人数。迅速组织撤出受威胁区域的人员。

（4）发生瓦斯、煤尘爆炸事故时，所有井下工作人员应按照作业规程中制定的矿井避灾路线进行撤退。

（5）人员在撤离途中如听到爆炸声或空气有冲击波时，应立即背向声音和气浪传来的方向，脸向下，双手置于身体下面，闭上眼睛，迅速卧倒，头部要尽量低，或者用衣服将自己的头部包裹，以防火焰和高温气体灼伤皮肤。

（6）无法撤离的人员应迅速进入附近的压风自救处或避难硐室内，躲进压风自救带下，打开气阀自救，关闭避难硐室风门等待救援。并在硐室外留置衣物、矿灯等物品，以使人员发现实施救援。

（7）遇到无法撤退时，应迅速采取以下措施自救：

① 瓦斯、煤尘爆炸事故发生后，要迅速背向空气振动的方向，脸向下卧倒，与此同时要迅速戴好自救器或用湿毛巾快速捂住鼻口。若边上有水坑，可侧卧于水中。

② 听到爆炸后，应赶快张大口，并用湿毛巾捂住口鼻，避免爆炸所产生强大冲击波击穿耳膜，引起永久性耳聋。

③ 爆炸瞬间,要尽力屏住呼吸,防止吸入高温有毒气体灼伤内脏。

④ 用衣物盖住身体裸露部分,使身体露出部分尽量减少,以防止爆炸瞬间产生的高温灼伤身体。

⑤ 距离爆炸中心较近的作业人员,在采取上述自救措施后,迅速撤离现场,防止二次爆炸的发生。

(8) 矿山救护中队在侦察途中发现遇险人员或来不及撤离人员时,应及时抢救,为其配用化学氧或压缩氧隔绝式自救器或全面罩氧气呼吸器使其脱离灾区,或组织遇险人员进入避难硐室等待救护。

(9) 发生瓦斯、煤尘爆炸事故后,应急救援指挥部安排专人到进、回风井口及其 50 m 范围内检查瓦斯,设置警戒,熄灭警戒区内的一切火源,严禁一切机动车辆进入警戒区。

(10) 发生瓦斯、煤尘爆炸事故后,指挥部在没有确定爆炸影响范围、人员撤离情况时,不得停止主通风机运转,应保持原有通风状态,防止风流紊乱扩大灾情。

(11) 掘进工作面局部通风机停止运转后,禁止开动局部通风机,必须按照《煤矿安全规程》有关防止和处理瓦斯积聚的规定,进行处理,以免爆炸区域遇到新鲜风流后,形成二次爆炸事故;修补或重建通风设施,及时恢复掘进巷道的通风系统;决定利用局部通风机排放巷内的瓦斯和爆炸后气体时,巷道内不准送电和有人工作,所有回风流经过的巷道不准给电气设备送电,不准人员进入工作。制定排放措施,进行排放;排放气体时,要按排放瓦斯的措施进行逐段排除,逐段接入风筒。

(12) 必须尽快了解矿井通风系统破坏情况,积极组织人员恢复矿井通风系统(包括主要通风机防爆门、测试门及其他附属装置)。如果通风系统和通风设施被破坏,应设置临时风障、临时风门及安装局部通风机恢复通风;如果工作面回风系统堵塞,应尽快疏通恢复原通风系统。如果瓦斯、煤尘爆炸造成风流逆转,要在进风侧设置风障,并及时清理回风侧的堵塞物,使风流尽快恢复正常。

(13)综合分析判断是否有二次爆炸危险及引燃火灾的可能性,制定专项应对措施。在确认无再次爆炸危险时,迅速修复被破坏的巷道及通风设施,尽快恢复通风系统,恢复供电、提升运输、排水、通信等系统。

(14)指挥部应根据事故地点、波及范围,通风、瓦斯情况,巷道内有无明火、水淹等情况,迅速决定是否采取矿井或局部反风措施。

(15)为保证抢险救灾工作的顺利进行,条件具备时,应在靠近灾区的安全地点设立井下救灾基地。井下基地的指挥由领导小组选派具有救护知识的矿领导和熟悉现场情况的人员担任。通信保障组应在井下基地安装直通地面救灾指挥部的电话。

(16)技术保障组立即收集有关技术图纸、资料,制定救灾方案,制定并实施预防再次发生瓦斯、煤尘爆炸或瓦斯煤尘爆炸措施,必要时撤出救灾人员。

(17)指派矿山救护中队进入灾区进行侦察,根据救护队侦察情况迅速制定救灾方案和救灾作战计划。指派救护队员入井救灾、侦察时,应判断井下是否会发生连续爆炸或引发煤尘参与爆炸,如煤尘已参与到煤尘爆炸当中,并已发生连续爆炸,应暂缓入井救援。

(18)指挥部派遣救护队选择最近的路线,以最快的速度到达事故区域人员最多的地点实施侦察、救援。

① 救护队发现有明火时,应立即扑灭,为下风侧撤离人员创造条件。

② 发现有可能救活的遇险人员,应迅速救出灾区;发现确已牺牲的遇险人员,应标明位置,继续向前侦察。

③ 及时把侦察的火源、瓦斯情况,爆炸点顶板冒落范围,支

架、水管、风管、电气设备、通风构筑物的位置、倒向,爆炸生成物的流动方向及其蔓延情况,灾区风量、风流方向、气体成分等情况向指挥部汇报。

④ 建立井下临时救援基地,做好紧急救援的准备工作。

(19)救护队员进入灾区后,及时探明事故性质、原因、范围、被困人员可能的位置,以及巷道通风、瓦斯等情况,积极搜索抢救遇险人员。发现火源,立即扑灭,防止二次爆炸。

(20)灾区内严禁随意启动、关闭电器开关,不得敲打矿灯和扭动矿灯开关,严禁有火源出现。

(21)保持压风机运转,以利遇险人员利用压风自救装置进行自救。

(22)及时救助灾区内受灾的人员,并采取措施排除爆炸危险性,防止连锁爆炸发生。

(23)当发生瓦斯、煤尘爆炸或瓦斯、煤尘爆炸破坏范围大,恢复巷道困难时,应在抢救遇险人员后对灾区进行封闭。

(24)命令医疗救护组组织力量救治受伤和中毒人员。

(25)事故处理完毕,恢复生产时,应严格按照如下步骤操作:

① 详细检查事故地点有无隐患。

② 检查采煤工作面,上隅角和机、风两巷顶板高冒区的有害气体含量,若超过规定,要按排放瓦斯的安全措施处理。

③ 修复因事故而破坏的通风系统,并对巷道进行必要的支护。

④ 检查电气设备的防爆性能,不能出现失爆。经瓦斯检查符合规定,可按顺序送电。

(26)矿山救护队员井下抢救时必须遵循以下原则:

① 抢救遇险人员是抢救中的主要任务,必须做到有巷必入,本着"先活后死、先重后轻、先易后难"的原则进行抢救。

② 在进入灾区侦察时要带有干粉灭火器等必要的灭火器材,

发现火源及时扑灭。侦察中,确认灾区没有火源,不会引起再次爆炸时,方可对灾区巷道进行通风,应尽快恢复原有的通风系统,加大风量排除瓦斯爆炸后产生的烟雾和有毒有害气体。

③ 值班小队在抢救或进入灾区侦察时,由于煤尘大、烟雾浓,应沿巷道排成斜线波浪式前进。发现还有可能救活的遇难人员时,应迅速救出灾区;发现确已牺牲的人员,应标明位置,继续向前侦察。侦察时,除抢救遇难人员外,还应特别侦察火源、瓦斯及爆炸点的情况,顶板冒落范围,支架、水管、风管、电气设备、局部通风机、通风构筑物的位置,爆炸生成物(皮渣、黏块)的流动方向及其蔓延情况,灾区风量、风流方向、气体成分等,做好记录,供指挥部全面研究抢救方案。

④ 第二个下井的待机小队应担负待机任务,以接应值班小队或做好紧急救人的准备工作。待机地点应选择在距离灾区最近的新鲜空气的地点。

⑤ 救护队在接受救护任务时,必须问清事故性质、原因、发生地点及出现的其他情况。情况不清时,必须慎重行事,做好充分准备,切不可盲目行动,以防意外,造成不必要的牺牲。

⑥ 进入灾区前,必须切断通往灾区的火源,及时检查瓦斯及其他气体的变化情况。侦察时发现明火或其他可燃物引燃时,救护队员的行动要轻,以免扬起煤尘,发生煤尘爆炸。

⑦ 救护队员穿过支架破坏地区和冒落堵塞地区时,应架设临时支护,以便保证队员安全返回。对通往爆炸区域的所有巷道岔点,必须设置警标,安排专人看守,避免有人误入灾区。

⑧ 在灾区附近新鲜风流中选择安全地点设立井下抢救基地,及时对井下伤员进行救护并组织升井。

⑨ 爆炸停止,遇难人员救出后,进一步检查整个采区的情况,若有瓦斯超限或冒顶堵塞巷道,要采取措施进行排放和处理。查明整个采区确无隐患的情况后,全面进行灾后处理、恢复。

3. 注意事项

(1) 作业人员携带自救器入井前,要认真检查自救器完好情况。携带过程中要防止撞击、磕碰和摔落,也不许把自救器当坐垫使用。

(2) 携带过程中严禁开启扳把。

(3) 佩戴化学氧自救器撤离时,严禁摘掉口罩、鼻夹或通过口具讲话。

(4) 救护队员首先检查抢险救援器材是否完好,发现不合格及时调换。

(5) 根据专家组的讲解,正确使用抢险救援器材。

(6) 使用中抢险救援器材损坏及时更换。

(7) 处理事故应严格按规定现场应急处置措施进行操作,听从指挥,严禁随意改动。如确需改动,必须经应急处置小组组长同意。

(8) 应急救援要根据实际情况救援,在不清楚情况下不可贸然进入,以免出现不必要的伤害。

(9) 现场应急处理时,必须由现场跟班人员最高级别的领导统一指挥,并请现场有经验的老工人协助,对现场进行处理和人员救护。

二、水灾事故

1. 事故应急处置程序

(1) 发生水灾事故,现场人员应将异常信息第一时间汇报调度室。

(2) 成立现场应急救援指挥部指挥应急抢险工作。

(3) 通知附近受水害威胁区域的作业人员进行应急避险,组织无关人员按照避灾路线进行撤离。

(4) 发现险情升级,现场无法控制时,立即通知调度室。

(5) 调度室向矿长请求启动矿井应急救援预案,得到指示后通知矿应急救援指挥部成员到位,由矿井应急救援指挥部指挥抢险救援工作。

2. 现场应急处置措施

(1)出现险情后,在场人员首先应在带班队长或班组长的指挥下,尽可能就地取材,防止事故扩大,启动现场水泵进行全力排水,加强水泵的现场管理,并立即向矿调度室汇报突水地点、水量和时间等情况。

(2)事故发生后,随时监测现场瓦斯及其他有害气体。当检测到有瓦斯聚集及其他有害气体时,立即向调度室和组长汇报,并引导现场人员撤离至安全区域。

(3)除现场处置人员外,其他人员不得进入事故地点,可在附近相对安全地点等候,不得随意走动。保证所有人员可以随时撤至安全区域。

(4)发现险情有升级趋势且利用现有设备无法满足排水需求时,现场应急救援小组组长立即向调度室汇报,清点人数并通知现场人员及现场附近其他人员,迅速有序地沿避灾路线撤至安全区域,同时迅速通知可能受到水害威胁区域的人员,停止工作,切断电源,迅速撤离。调度室接到汇报后立即向矿水灾应急救援领导小组汇报,由矿水灾应急救援领导小组启动矿级应急救援预案。

(5)撤离时,若迷失方向,应朝着有风流通过的轨道(带式输送机)下山向上或地面撤退,千万不能往低处跑。

(6)当灾区内的人员无法撤出时,要沉着冷静,分析水情,了解周围巷道情况,选择一独头上山巷道或地势较高处暂避待救。

(7)在待救期间,要树立战胜灾害的信心,不要惊慌失措。应尽量少活动或不活动,以减少体力消耗,延长待救生存时间。没有食品供应,可适当喝些干净水,并注意观察水位情况。如果没有电话,可以通过敲打管道等方法,间断地发出求救信号,及早地让外围人员发现。

3. 注意事项

（1）发生突水事故后，局部地段风流不畅通引起瓦斯积聚，被困及救援人员及时佩戴自救器，尽量沿进风巷道行走。

（2）人员在撤离过程中，不得进入盲巷。

（3）遇事要冷静，不要慌张，认清来水方向。

（4）立即调用附近巷道的排水设施进行排水。

（5）及时通知地测、通风、防突等有关业务科室到达现场指导现场应急救援工作。

（6）现场自救和互救应遵循保护人员安全优先的原则，防止事故蔓延，降低事故损失。在处理事故前要对参加人员进行自救与互救相应措施的贯彻并落实。

（7）抢救伤员时，应先救重伤员，后救轻伤员。

（8）应急处置结束后，队领导立即组织人员按措施恢复事故地点通风系统。由专家技术组协同应急领导小组制定恢复生产、生活计划，并组织实施。

第四节　自救互救与伤员转运

一、自救互救基本原则

（1）保持头脑清醒。出现事故时，在场人员一定要头脑清醒、沉着、冷静，要尽量了解判断事故发生地点、性质、灾害程度和可能波及的地点。在保证人员安全的条件下，利用附近的设备、工具和材料及时处理。撤离时，不要惊慌失措、大喊大叫、四处乱跑。

（2）迅速撤离灾区。当发生重大灾害事故，灾区不具备事故抢险的条件，或者在抢救事故时可能危及营救人员自身安全时，应迅速撤离现场，躲避到安全地点或撤到井上。

（3）及时报告灾情。在灾害事故发生初期，现场作业人员应尽量了解和判断事故性质、地点和灾害程度，在积极、安全地消除或控制事故的同时,及时向矿调度室报告灾情,并迅速向事故可能波及区域人员发出警报。

(4)积极消除灾害。利用现场条件,在保证自身安全的前提下,采取积极有效的措施和方法,及时投入现场抢救,将事故消灭在初始阶段或控制在最小范围内,最大限度减少事故造成的损失。抢救人员时要做到"三先三后"(即先抢救生还者,后抢救已死亡者;先抢救伤势较重者,后抢救伤势较轻者;对于窒息或心跳、呼吸停止不久,出血和骨折的伤员,先复苏、止血和固定,然后搬运)。

(5)妥善安全避灾。当灾害事故发生后,因避灾路线造成阻塞,现场作业人员无法撤退时,或自救器有效工作时间内不能达到安全地点时,应迅速进入避难硐室和灾区较安全地点,或者就近快速构造临时避难硐室,进行自救互救,妥善安全避灾,努力维持和改善自身生存条件,等待营救。

二、自救措施

(1)首先要加强对矿工自救和互救知识的教育。应教育职工如何识别事故的预兆,判断事故的性质、地点及应采取自救和互救的措施;正确地选择避灾路线,在遇险人员暂时不能撤出灾区的情况下,进入避难硐室待救;等等。

(2)灾区人员正确选择撤退路线。发生事故后,灾区人员应根据事故通知信号以及事故发生时的特征,判断事故性质、地点,沉着冷静地按照矿井灾害预防和处理计划中预定的避灾路线撤出危险区或升井。灾区人员撤出路线选择得正确与否,决定了自救和互救的成败。

(3)当灾区无撤退路线时,一定要保持清醒的头脑,切勿盲目求生。可利用现场的木板、风门、风筒等搭建救护隔墙,形成临时避难场所,在隔墙外侧明显位置做好标记,耐心等待救援人员救护。

(4)若来不及避开被埋,应注意用手巾、衣服或衣袖等捂住口鼻,还应想方设法将手与脚挣脱开来,并利用双手和可以活动的其他部位清除压在身上的各种物体,利用身边可用工具支撑住可能塌落的重物,保持足够的空气呼吸。

(5)无力脱险自救时,避难人员在避难时应静卧,不得走动与呼喊,以免消耗体力和氧气,特别要注意减少氧气的消耗,延长待救时间。

(6)在矿工施行互救时,应是在有效自救的前提下,妥善地救助他人及伤员,防止扩大灾情。

(7)事故地点附近的人员,要以最快的速度、最有效的方法,把事故性质、地点、灾害程度向调度室报告,以便调度室进行准确的调度与指挥,迅速地组织抢救。在向上级部门汇报灾情时,要实事求是,对不清楚的情况不能妄下结论,以免误导上级部门,延误救援最佳时机。

三、伤员紧急处理

1. 止血方法

成人的血量一般为 4 300～5 000 mL,以重量计约相当于体重的 1/13,若出血量达 1 000 mL 以上,则生命就有危险。在现场救护出血伤员,需迅速采用暂时止血法,以免失血过多。

(1)直接压迫止血法:适用于全身各部位小动脉、静脉、毛细血管出血。用敷料和洁净的毛巾手帕、三角巾等覆盖上口,加压包扎,达到止血目的。

(2)指压止血法:手指按压近心端的动脉,阻断动脉血运行,能有效达到快速止血的目的。指压止血法用于血量多的伤口。要点为准确掌握动脉压迫点,压迫力量要适中,以伤口不出血为准,压迫 10～15 min。

(3)屈肢加垫止血法:四肢、膝、肘以下部位出血时,如没有骨折和关节损伤,先用手掌在股动脉或出血部位按压,再将一个厚棉垫、泡沫塑料垫或绷带卷塞在压迫部位或其他关节处,曲腿和臂,再用三角巾、宽布条、手帕或绷带等紧紧缚住。

（4）止血带止血法：若四肢较大动脉血管破裂出血，出血速度甚快，需迅速进行止血，可用止血带、胶皮管等止血。紧急时亦可用宽布、绳索、三角巾等代替，但不能用炮线、电线、细绳等用力捆扎，以免组织出现缺血性坏死，以空气止血带最好。但应注意的是运用橡皮止血带和布性止血带等物品止血时不能超过 4 h。

采用止血带止血的步骤如下：

① 上止血带前，应先将伤肢抬高，促使其中静脉血液流回体内，从而减少血液丢失。

② 上止血带的位置应在有效止血的前提下，尽量靠近出血部位。但在上臂中段禁止使用止血带，因为该处有桡神经从肱骨表面通过，止血带的压迫可造成桡神经损伤，进而使前臂以下的功能日后难以恢复。

③ 止血带不能直接绑在肢体上，准备上止血带的部位应先垫一层敷料、毛巾等柔软的布垫，用以保护皮肤。

④ 用毛巾、大手帕等现场制作布性止血带时，应先将其叠成长条状，宽约 5 cm，以便受力均匀。严禁使用电线、铁丝、细绳等过细而且无弹性物品充作止血带，因为这些物品不仅止血效果不理想而且还损伤皮肤，为日后的治疗和康复带来麻烦。

⑤ 绑止血带时其松紧度以刚压住动脉出血为宜。上带过紧易造成止血带处的皮肤、神经、血管和肌肉的损伤，甚至引起肢体远端的坏死，不利于今后伤肢的功能恢复；上带过松只压住静脉未压住动脉，不仅达不到止血目的反而加重出血。上带成功的标准是，远端动脉性出血停止、动脉搏动消失、肢端变白。

⑥ 上止血带的伤员要有明显标志，并在止血带附近或皮肤上明确写上上带时间。为防止伤肢缺血坏死，每隔 40～60 min 放松止血带 1～2 min。松带时动作要缓慢，同时需要指压伤口以减少出血。如果伤员全身状况差，伤口大，出血量多，可适当延长放松

止血带的时间间隔。但是止血带使用的总时间不能超过 5 h,否则远端功能难以恢复。

（5）绞紧止血法:

① 加垫,将布条缠绕在上止血带的部位 2 圈,保护皮肤,防止损伤。

② 上布带,将布带在垫上松绕一圈,打活结。

③ 穿棒:把细棍棒从止血布带穿过拎起。

④ 绞紧:将棍棒拎起绞紧。

⑤ 固定:布带绞紧后,把棍棒的一头穿入活结,活结抽紧固定。

⑥ 标明:在伤员身上挂红布条,标明是大出血的伤员,同时在布条上标明止血带的时间。

2. 创伤包扎

创伤的症状表现为机械因素加于人体所造成的组织或器官的破坏。创伤不仅发生率高,而且程度差别很大,伤情可以严重而复杂,甚至危及伤员的生命。严重创伤可引起全身反应,局部表现有伤区疼痛、肿胀、压痛;骨折脱位时有畸形及功能障碍。严重创伤还可能有致命的大出血、休克、窒息及意识障碍。急救时应先防治休克,保持呼吸道通畅,对伤口包扎止血,并进行伤肢固定,然后将伤员安全、平稳、迅速地转送到医院进一步处理,开放性伤口要及时行清创术。对大量出血的患者,宜首先采取止血方法;对切割伤、刺伤等小伤口,若能挤出少量血液反而能排出细菌和尘垢;伤口宜用清洁的水洗净,无法彻底清洁的伤口,必须用清洁的布覆盖其表面,不可直接用棉花、卫生纸覆盖。

创伤包扎应注意以下事项:

（1）判断伤情,暴露伤口:将覆盖在伤口上的毛发衣服剪掉,暴露伤口。

（2）包扎伤口:若有条件时要进行伤口的消毒处理,尽可能使用消毒物品包扎。没有条件时对接触的伤口尽量保持清洁。

（3）包扎打结时要避开伤口。遇大面积或较深的伤口时，不要直接使用碘酒、酒精，以免引起疼痛性休克。

（4）伤口上的异物不要拔除，若有条件可适当剪短外露异物过长尾端，要进行包扎固定，以便于搬运。

3. 骨折临时固定

（1）固定名称及方法如下：

① 小夹板固定：利用具有一定弹性的木板、竹板或塑料板制成的长、宽合适的小夹板，在适当部位加固定垫，绑在骨折肢体的外边，外扎横带，以固定骨折部位。

② 石膏绷带固定：用熟石膏的细末在特制的细孔纱布绷带上，做成石膏绷带，用温水浸泡后，包在病人需要固定的肢体上，逐渐干燥坚固，起到对患肢固定作用。

③ 外展架固定：将简易的铝板或木质板用石膏绷带固定于患者的胸廓侧方，患肢处于高处，有利于消肿、止痛。

④ 持续牵引：牵引既有复位作用，也是外固定。持续牵引分为皮肤牵引和骨牵引。

（2）骨折急救的目的是使用最为简单而有效的方法挽救生命、保护患肢、迅速转运，以便尽快得到妥善处理。

（3）在井下对伤员骨折处理分为以下几步：

① 抢救休克。

② 包扎伤口。

③ 妥善固定。

④ 迅速转运。

（4）常见骨折的固定方法如下：

① 对锁骨骨折的固定方法：可采用手法复位，复位成功后维持复位姿势，助手将棉垫分别放于两侧腋窝，在骨折处放一薄垫，用无弹性绷带做横"8"字固定，然后用胶带加强固定。

②　前臂骨折固定法:前臂主要由尺骨及桡骨组成。患者取仰卧位,沿前臂纵轴向远端牵引。远端的牵引位置由骨折部位确定。经过持续牵引,消除旋转、成角、短缩等移位。维持复位的位置,用四块小夹板分别放置于掌侧、背侧、尺侧及桡侧,用带捆扎后,再用三角巾吊患肢。

③　股骨骨折固定法:发现伤者一侧肢体短缩、活动受限,使患者取平卧位,一人平行牵拉患肢,使骨折处复位;取三块木板或其他板状物品,分别放置于左右及下侧,将患肢平放,捆扎牢固。

④　小腿骨折固定法:选用大小合适的夹板,将绷带松松地缠绕 4~5 圈后,再在适当的部位放置压垫,并以胶布固定。安放夹板,用 4 道扎带捆缚,先捆缚中间两道,再捆缚远侧和近侧的,捆缚时两手平均用力缠绕两周后打结。扎带的松紧以能在夹板面上上下移动 1 cm 为准。

⑤　脊柱骨折固定法:将头部固定,双肩、骨盆、双下肢及足部用宽带固定在脊柱板或木板上,以免运输途中颠簸、晃动。木板固定用一长、宽与伤员身高、肩宽相仿的木板作固定物,并作为搬运工具;动作要轻柔,将伤员放置木板上后,使伤员平卧,保持身体平直抬于木板上,头颈部、足踝部及腰后空虚处垫实;双肩、骨盆、双下肢及足部用宽带固定于木板上,避免运输途中颠簸、晃动;双手用绷带固定放于腹部。

4. 窒息伤员的复苏

(1)心肺复苏

心肺复苏是对呼吸停止、心跳骤停病人的一种急救措施。对心脏病、高血压、触电、气体中毒、异物堵塞呼吸道等导致病人停止呼吸和心跳的情况均可以通过心肺复苏来抢救。

①　心前区叩击术复苏:扣击点位于胸正中线,伤者左侧乳头平齐部位,此处是整个胸廓支撑力最弱的部位,扣击时可使胸廓发生一定程度的形变,更加靠近心脏,可将扣击的机械能量直接传给

心脏。捶击的拳头垂直位于捶击部位的正上方，握紧的拳头距胸部 20 cm。这一高度和距离有利于紧握的拳头在捶击过程中产生一定的加速度，同时又不太高，便于掌握捶击方向，能准确到达捶击部位，进行治疗。

② 胸外心脏按压术：使伤员仰卧于硬板或平地上，抢救者应紧靠患者胸部一侧，为保证按压时力量垂直作用于胸骨，抢救者可根据患者所处位置的高低采用跪式或用脚凳等不同体位；按压部位是胸骨中、下 1/3 处。抢救者以左手食指和中指沿肋弓向中间滑移至两侧肋弓交点处，即胸骨下切迹，然后将食指和中指横放在胸骨下切迹的上方，食指上方的胸骨正中部即为按压区，将另一手的掌根紧挨食指放在患者胸骨上，再将定位手取下，将掌根重叠放于另一手手背上，使手指翘起脱离胸壁，也可采用两手手指交叉抬手指。抢救者双肘关节伸直，双肩在患者胸骨上方正中，肩手保持垂直用力向下按压，下压深度为 4～5 cm，按压频率为 80～100 次/min，按压与放松时间大致相等。

③ 胸外按压的要求如下：

a. 抢救者的上半身前倾，两肩要位于双手的正上方，两臂伸直，两肘关节不可弯曲。利用上半身的体重和肩、臂部肌肉的力量，垂直向下按压，不可偏向一侧或左右摇摆。

b. 按压应平稳，用力要均匀，有规律地按压，不能间断。

c. 每次按压后，要全部放松，使胸部恢复正常位，务使胸骨不受任何压力。放松时注意定位的手掌根部不要离开胸骨定位点。判断按压是否有效，如有两名抢救者，在一人按压时，另一人应能触及颈动脉或股动脉搏动。

（2）人工呼吸

昏迷患者或心跳停止患者在排除气道异物，采用徒手方法使呼吸道畅通后，如无自主呼吸，应立即予以人工呼吸，以保证不间断地向患者供氧，防止重要器官因缺氧造成不可逆性损伤。正常空气中氧浓度约为 21%,经呼吸吸入肺后人体大约可利用 3%～5%,也就是说,呼出气中仍含有 16%～18% 的氧浓度,只要我们在进行人工呼吸时给患者的气量稍大于正常,使氧含量的绝对值并不少于自主呼吸,就完全可以保证身体重要器官的氧供应,不至于由于缺氧而导致重要生命器官的损害。

① 将患者去枕平卧在硬板床或地上。

② 清除患者口鼻咽污物,取出假牙。

③ 手掌根置于患者的前额,向后方施加压力,另一手中指、食指向上向前托起下颏,使患者口张开。

④ 解松伤员的衣扣、裤带,裸露前胸。

⑤ 连续吹气 2 次,用按于前额手的拇指、食指捏紧患者鼻孔(患者口上垫纱布),操作者正常吸气后,将患者的口完全包在操作者的口中,均匀缓慢(1～2 s)将气吹入,直到患者胸部上抬。一次吹气完毕后,松手、离口,面向胸部,可见患者胸部向下塌陷。紧接着做第二次吹气。

四、伤员转运注意事项

井下条件复杂,道路不畅,转运伤员要尽量做到轻、稳、快。没有经过初步固定、止血包扎和抢救的伤员,一般不应转运。正确的搬运方法可以减轻伤员的痛苦,迅速送往医院进一步抢救。搬运时应做到不增加伤员的痛苦,避免造成新的损伤及合并症。搬运时应注意以下事项:

(1) 呼吸、心跳骤停及休克昏迷的伤员应先及时复苏后再搬运。若没有懂得复苏技术的人员,则可为争取抢救时间而迅速向外搬运,去迎接救护人员进行及时抢救。

(2) 对昏迷或有窒息症状的伤员,要把肩部稍垫高,使头部后仰,面部偏向一侧或采用侧卧位和偏卧位,以防胃内呕吐物或舌头后坠堵塞器官而造成窒息。注意随时都要确保呼吸道的通畅。

(3) 一般伤员可用担架、木板、风筒、刮板、输送机槽、绳网等运送,但脊柱损伤和骨盆骨折的伤员应用硬板担架运送。

（4）对一般伤员均应先进行止血、固定、包扎等初步救护后,再进行转运。

（5）对脊柱损伤的伤员,要严禁让其坐起、站立和行走,也不能用一人抬头、一人抱腿或人背的方法搬运,因为当脊椎损伤后,再弯曲活动,有可能损伤脊髓而造成伤员截瘫甚至突然死亡,所以在搬运时要十分小心。在搬运颈椎损伤的伤员时,要专有一人抱持伤员的头部,轻轻地向水平方向牵引,并且固定在中位,不使颈椎弯曲,严禁左右转动。搬运者多人双手分别托住颈肩部、胸腰部、臀部及两下肢,同时用力移上担架,取仰卧位。担架应用硬木板,肩下应垫软枕或衣物,使颈椎呈伸展状（颈下不可垫衣物）,头部两侧用衣物固定,防止颈部扭转,切忌抬头。若伤员的头和颈已处于曲歪位置,则必须按其自然固有姿势固定,不可勉强纠正,以避免损伤脊髓而造成高位截瘫,甚至突然死亡。

（6）搬运胸、腰椎损伤的伤员时,先把硬板担架放在伤员旁边,由专人照顾患处,另有两三人在保持脊柱伸直位下,同时用力轻轻将伤员推滚到担架上。推动时用力大小、快慢要保持一致,要保证伤员脊柱不弯曲。伤员在硬板担架上取仰卧位,受伤部位垫上薄垫或衣物,使脊柱呈过伸位,严禁坐位或肩背式搬运。另一种办法是:一人抬腿,一人抬头,中间两人托腰或用宽布托腰,不让腰部弯曲,抬到硬板担架上,伤员也可取俯卧位。若仰卧,腰部下及两侧垫上衣物,防止伤员移动。

（7）一般外伤的伤员,可平卧在担架上,伤肢抬高。胸部外伤的伤员可取半坐位。有开放性气胸者,封闭包扎后,才可转运。腹部内脏损伤的伤员,可平卧,用宽布带将腹部捆在担架上,以减轻痛苦及出血。骨盆骨折的伤员可仰卧在硬板担架上,曲膝,膝下垫软枕或衣物,用布带将骨盆捆在担架上。

（8）转运时应让伤员的头部在后面,随行的救护人员要时刻注意伤员的面色、呼吸、脉搏,必要时要及时抢救。随时注意观察伤口是否继续出血,固定是否牢靠,出现问题要及时处理。上下山时,应尽量保持担架平衡,防止伤员从担架上翻滚下来。

(9)运送到井上,应向接管医生详细介绍受伤情况及检查、抢救经过。

复习题

一、判断题

1. 发生不影响通风系统安全运行但造成设备损坏、生产中止的顶板事故,基层单位组织力量在保证安全的前提下,及时实施抢险,防止事故扩大。(   )

2. 发生造成人员被堵、被埋的顶板事故,已经或可能影响通风系统运行,调度室接警人员要立即向当天矿值班长和应急救援领导总指挥汇报,同时通知事故影响范围内的所有作业人员按照避灾路线撤出。应急救援领导总指挥下令启动矿级应急预案,实施应急救援工作。(   )

3. 处理冒顶事故的主要任务是抢救遇险人员及恢复通风。若事故地点通风不好,要切断事故影响区域内动力电源,对开关进行闭锁必须设法加强通风。(   )

4. 如果遇险人员的头部和胳膊在外,其余部分被压埋,只要身上覆盖物不多,又未受重伤,就应试着往外爬,尽早脱离冒顶区。(   )

5. 救出伤员后及时进行止血、包扎、骨折固定等救护措施,发生休克的要及时予以抢救并迅速送往医院急救。(   )

6. 应急处置完毕,必须有专人在现场观察应急处置的效果,确认无误后,应急处置人员方可撤离。(   )

7. 掘进工作面发生冒顶后,电工需切断事故影响区域内动力电源,对开关进行闭锁。(   )

8. 在处理冒顶时,必须采取临时支护,严禁空顶作业,防止二次冒落。(   )

9. 现场急救应本着"有血先止血、有骨折先固定、有脊柱损伤搬运时防止损坏神经"的原则根据伤害情况进行救护。(   )

10. 发生瓦斯、煤尘爆炸事故后,应急救援指挥部立即发布矿井停电命令,必须远距离切断灾区和受影响区域的电源。(   )

11. 掘进工作面局部通风机停止运转后,禁止开动局部通风机,必须按照《煤矿安全规程》有关防止和处理瓦斯积聚的规定,进行处理,以免爆炸区域遇到新鲜风流后,形成二次爆炸事故。(   )

12. 灾区内严禁随意启动、关闭电器开关,不得敲打矿灯和扭动矿灯开关。(   )

13. 在待救期间,如果没有电话,可以通过敲打管道等方法,间断地发出求救信号,及早地让外围人员发现。(   )

14. 包扎的目的在于保护创面、减少污染、止血、固定伤肢、减少疼痛、防止继发损伤。因此在包扎时,应做到动作迅速敏捷,不可触碰伤口,以免引起出血、疼痛和感染。(   )

15. 脱出的内脏可纳回伤口,然后再转运伤员。(   )

16. 心肺复苏是对呼吸停止、心跳骤停病人的一种急救措施。对心脏病、高血压、触电、气体中毒、异物堵塞呼吸道等导致病人停止呼吸和心跳的情况均可以通过心肺复苏来抢救。(   )

17. 按压速率约 $80\sim100$ 次/min。在进行胸外按压时,宜将伤员头部放低至 $10°\sim5°$,以利于静脉血回流。(   )

18. 对脊柱损伤的伤员,用一人抬头、一人抱腿或人背的方法搬运。若四肢较大动脉血管破裂出血,出血速度甚快,需迅速进行止血时可用止血带、胶皮管等止血。紧急时亦可用炮线、电线、细绳等代替。(   )

19. 发生瓦斯、煤尘爆炸事故后,应急救援指挥部立即发布矿

井停电命令,现场切断灾区和受影响区域的电源。(　　)

20.发生瓦斯、煤尘爆炸事故后,无法撤离的人员应迅速进入附近的盲巷中等待救援。(　　)

二、单选题

1.掘进工作面局部通风机停止运转后,(　　)开动局部通风机,必须按照《煤矿安全规程》有关防止和处理瓦斯积聚的规定,进行处理,以免爆炸区域遇到新鲜风流后,形成二次爆炸事故。

A.禁止　　　　B.可以　　　　C.必须

2.用橡皮止血带和布性止血带等物品止血时不能超过(　　)h。

A.1　　　　　B.2　　　　　C.3　　　　　D.4

3.发生瓦斯、煤尘爆炸事故后,应急救援指挥部安排专人到进、回风井口及其(　　)m范围内检查瓦斯,设置警戒,熄灭警戒区内的一切火源。严禁一切机动车辆进入警戒区。

A.20　　　　　B.30　　　　　C.40　　　　　D.50

4.采用止血带止血的步骤如下:上肢要放在上臂(　　)处;下肢放在大腿的中下1/3处。

A.中上1/3　B.中下1/3　C.中上1/2　D.中下1/2

5.处理冒顶事故的主要任务是抢救遇险人员及(　　)。

A.恢复通风　　　　　　B.支护顶板

C.减少财产损失　　　　D.清理浮渣

6.发生冲击地压事故后,现场人员应第一时间向(　　)汇报灾情。

A.调度室　　　　　　　B.队值班人员

C.通风部门　　　　　　D.安检部门

7.冒顶恢复前,有关工程技术人员必须深入现场,了解现场情况,制定切实可行的措施,(　　)对巷道进行重新加固支护。

A.从外向里　B.从里向外　C.从难而易　D.从易而难

8. 成人的血量约为 4 300～5 000 mL,以重量计约相当于体重的 1/13,若出血量达(　　)以上,则生命就有危险。

　　A. 400 mL　　B. 600 mL　　C. 800 mL　　D. 1 000 mL

9. 现场实施胸外心脏按压术时,按压速率一般为(　　)。

　　A. 80～100 次/min　　　　B. 60～100 次/min

　　C. 60～80 次/min　　　　　D. 100～200 次/min

10. 救护队员穿过支架破坏地区和冒落堵塞地区时,应架设(　　),以便保证队员安全返回。

　　A. 临时支护　　　　　　　B. 永久支护

　　C. 锚杆支护　　　　　　　D. 砌碹支护

11. 发生水灾事故撤离时,若迷失方向,应朝着有风流通过的轨道(带式输送机)下山(　　)或地面撤退。

　　A. 向上　　　B. 向下

12. 发生突水事故后,局部地段风流不畅通引起瓦斯积聚,被困及救援人员及时佩戴自救器,尽量沿(　　)行走。

　　A. 回风巷道　　B. 进风巷道　　C. 下山巷道

13. 在进行胸外按压时,宜将伤员头部放低至(　　),以利于静脉血回流。

　　A. 3°～5°　　B. 10°～5°　　C. 10°～15°　　D. 2°～5°

14. 做人工呼吸时,操作者深吸一口气对准患者的口用力吹气,吹毕松开捏鼻的手,让其胸廓及肺自行回缩呼气。保持每分钟(　　)次,以胸廓可见扩张或听到肺泡呼吸音为有效标志。

　　A. 16～18　　B. 10～15　　C. 20～25　　D. 12～16

15. 发生瓦斯、煤尘爆炸事故后,应急救援指挥部立即发布矿井停电命令,在(　　)切断灾区和受影响区域的电源。

　　A. 近距离　　B. 现场　　　C. 远距离　　D. 移动变电站

三、多选题

1. 抢救遇险人员是抢救中的主要任务,必须做到有巷必入,本着(　　)的原则进行抢救。

  A. 先活后死　　　　　　B. 先重后轻

  C. 先易后难　　　　　　D. 先远后近

2. 处理垮落巷道的方法有(　　　)。

  A. 木垛法　　　　　　　B. 搭凉棚法

  C. 撞楔法　　　　　　　D. 打绕道法。

3. 发生事故时必须落实"两项权利"。一是职工现场紧急避险权,二是(　　)四类人员紧急情况下遇险处置权。

  A. 调度人员　　　　　　B. 带班人员

  C. 班组长　　　　　　　D. 瓦斯检查工

4. 冲击地压事故处置原则包括(　　　)。

  A. 统一指挥原则　　　　B. 自救互救原则

  C. 安全抢救原则　　　　D. 通信畅通原则

5. 现场急救应本着(　　　)的原则根据伤害情况进行救护。

  A. 有血先止血

  B. 有骨折先固定

  C. 有脊柱损伤搬运时防止损坏神经

  D. 先死后活

6. 发生事故后,现场人员要坚持(　　　)的原则,防止事故蔓延,降低事故损失。对抢救出来的伤员,要先采取现场急救措施,再升井开展进一步抢救。

  A. 及时报告灾情　　　　B. 积极抢救

  C. 安全撤离　　　　　　D. 妥善避灾

7. 佩戴化学氧自救器撤离时,严禁摘掉(　　　)讲话。

  A. 口罩　　　　　　B. 鼻夹　　　　　　C. 口具

8. 伤员紧急处理止血方法有(　　　)。

  A. 敷料压迫伤口止血法　　B. 指压止血法

  C. 屈肢加垫止血法　　　　D. 止血带止血法

E. 绞紧止血法

9. 心肺复苏是对呼吸停止、心跳骤停病人的一种急救措施。对（　　）等导致病人停止呼吸和心跳的情况均可以通过心肺复苏来抢救。

　　A. 心脏病　　　　　B. 高血压

　　C. 触电　　　　　　D. 气体中毒　　　E. 异物堵塞呼吸道

10. 井下发生事故后,要充分利用人员定位系统清点井下及灾区人员,判定遇险人员（　　）,控制入井人数,迅速组织撤出受威胁区域的人员。

　　A. 人数　　　　　　B. 位置

　　C. 生存条件　　　　D. 瓦斯浓度

四、简答题

1. 发生事故后现场人员的两项权利是什么?

2. 简述发生冲击地压事故后的现场处置原则。

3. 简述发生冒顶后被压、埋人员如何自救及急救。

4. 发生冲击地压事故后现场急救原则是什么?

5. 发生水灾事故时的现场应急处置程序有哪些?

第六章　冲击地压典型案例分析

第一节　不同开采条件下的冲击地压案例

一、浅部开采条件下的冲击地压

1. 事故简介

2010 年 10 月 8 日,神华集团新疆宽沟煤矿 W1143 综采工作面发生一起冲击地压事故,造成 4 人死亡,1 人重伤。

2. 事故经过

W1143 综采工作面位于矿井一采区西翼,开采 B4-1 号煤层,工作面走向长壁布置,埋深 317 m,走向长 1 495 m,斜长 162 m,倾角 10°～16°,煤厚平均 2.5 m,采高 3 m。煤层直接顶为粉砂岩,基本顶为粗砂岩,厚度大。煤层直接底为炭质泥岩及泥质粉砂岩岩;基本底为粉砂岩。

采区内同一煤层开采顺序为由下向上,即先采下部区段,后采上部区段。W1143 综采面上覆两个已回采了的采面:W114(2)1、W114(2)3。W1143 工作面上巷以南为实体煤岩层,下巷以北为 W1141 采空区,两面之间留设 30 m 煤柱,如图 6-1 所示。

10 月 8 日上午 9 点,W1143 工作面发生冲击地压,造成 30 号液压支架以下至下端头刮板机因底鼓整体抬高,从 25 号液压支架到工作面刮板机机头处,刮板机严重上仰扭曲;14 号、15 号、16 号、18 号液压支架立柱弯曲或折断,1～5 号支架的十字接头连杆

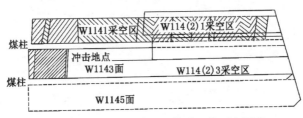

图 6-1 宽沟煤矿 W1143 综采工作面布置图

全部折断;下平巷端头超前支护 30 根单体支柱断裂或严重变形;煤机摇臂折断;工作面 33 号液压支架到下端头平巷 50 m 范围内煤壁全部片帮倾出,大量煤体推向支架方向,工作面支架前方安全空间被片帮煤体挤死;下平巷转载机机头 30 m 范围内巷道整体变形,巷道顶底板、两帮挤压严重;煤机滚筒将支架顶梁穿透;转载机冲击将下平巷顶板锚杆外露端撞弯,如图 6-2 所示。

3. 事故原因分析

此次事故的直接原因是:宽沟井田位于沙湾县—玛纳斯县—呼图壁县地震带上,井田内赋存有多条断层,可能存在较大的构造应力。W1143 综采面开采的 B4-1 煤层硬度相对较大,具有弱冲击倾向性。基本顶存在着坚硬巨厚的粗砂岩和细砂岩,具有弱冲击倾向性。底板岩层为钙质胶结的粉砂岩,具有强冲击倾向性。W1143 综采面上覆 B4-2 煤层开采应力转移、相邻工作面回采的固定支承压力及本工作面超前支承压力相互叠加,是动力灾害的诱发因素。

二、深部开采条件下的冲击地压

1. 事故简介

2008 年 6 月 5 日下午 16 时,义煤集团千秋煤矿 21201 工作面下巷在修巷期间发生冲击地压,巷道底鼓严重,巷道断面瞬间缩小至局部不足 1 m²,突出煤量 3 975 t,涌出瓦斯 1 700 m³,瓦斯浓度最高达 8.1%。事故造成 13 人死亡,11 人受伤,直接经济损失 950 万元。

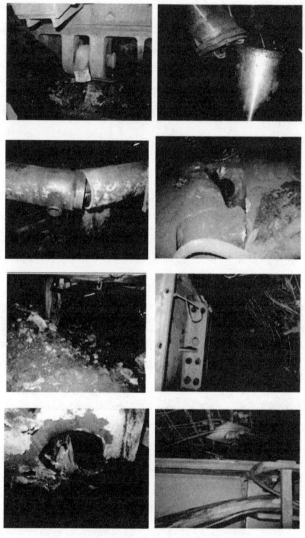

图 6-2 宽沟煤矿冲击地压事故现场破坏情况

2. 事故经过

发生冲击地压事故地点为 21201 综采工作面下副巷,距地表垂深 736.37 m,设计净断面 15 m²,净宽 4.8 m,净高 3.4 m,采用锚网和工字钢拱型支架复合支护方式。

21201 综采工作面位于千秋煤矿二水平 21 采区下山西翼,东邻 21 采区下山煤柱,西邻矿井边界煤柱,南邻未开采的煤层实体,北邻 21181 采空区。回采的二₃煤层平均厚度 11.57 m,倾角 9°～13°。直接顶为性脆易断的致密状泥岩,间夹极薄层细砂岩、粉砂岩;基本顶为中、上侏罗系杂色砾岩、砂岩;底板为灰质泥岩、砂岩及砾岩。

2008 年 6 月 5 日下午 16 时,21201 综采工作面下副巷外口以里 725～830 m 处发生冲击地压事故,围岩瞬间释放的巨大能量致使 105 m 长的巷道发生严重底鼓,断面由 10 m² 左右急剧缩小到 1 m² 左右,巷道内的带式输送机架子和托辊被挤到巷道顶梁上,如图 6-3 所示。

图 6-3　千秋煤矿冲击地压事故现场

3. 事故原因分析

(1) 直接原因

千秋煤矿开采深度大,煤层顶板坚硬,在地应力和采动应力共同作用下巷道周围煤岩体弹性变形能积聚;扩修巷道支架、清落巷道底板诱发围岩聚积的能量在短时间内急剧释放,导致 21201 综采工作面下副巷外口以里 725～830 m 处巷道严重底鼓。

（2）间接原因

千秋煤矿对矿井大采深坚硬顶板条件下地应力和采动应力影响增大、诱发冲击地压发生的不确定因素增多认识不足，未组织人员编制开采冲击地压煤层专门设计；《义煤集团预防冲击地压暂行技术规定》落实不到位，未进行煤岩冲击地压倾向性指数测定，未制定冲击地压防治人员责任制、冲击地压分析排查制度和冲击地压资料收集汇报制度；对21201综放工作面贯彻落实防治冲击地压措施情况监督检查不够。同时，义煤集团公司督促检查千秋煤矿安全生产工作不到位。

第二节　不同发生机理的冲击地压案例

一、煤柱（孤岛）型冲击地压

1. 阜新矿业（集团）有限责任公司艾友煤矿"5·26"较大顶板（冲击地压）事故

（1）事故简介

2015年5月26日23时09分，阜新矿业（集团）有限责任公司艾友煤矿1601综放工作面入风巷上段和入风联络巷下段72.5 m范围内发生一起较大顶板（冲击地压）事故，造成4人死亡，3人受伤，直接经济损失466.1万元。

（2）事故经过

事故地点为1601综放工作面入风联络巷，开采深度为658 m。事故前该工作面正在做撤除准备，在入风联络巷下段施工拆装硐室，硐室长33 m，宽6.5 m，高5.5 m，采用锚索＋金属网＋钢筋梯联合支护，已施工20 m。工作面位于102采区北部，主要回采102采区三条上山保护煤柱，该保护煤柱区除西部为边界断层外其余周边已全部回采完毕，如图6-4所示

受冲击区域，巷道底鼓0.2～1.8 m，顶板下沉0.6～1.2 m，造

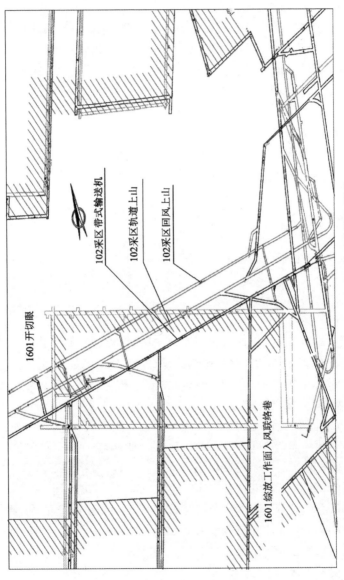

图6-4 1601综放工作面巷道布置图

102采区带式输送机

102采区轨道上山

102采区回风上山

1601开切眼

1601综放工作面入风风络巷

成 8.5 m 巷道顶板冒落、底鼓、巷道堵严,两道永久风门毁坏,如图 6-5 所示。

图 6-5　艾友矿"5·26"顶板事故现场

(3) 事故原因分析

① 直接原因

1601 综放工作面处在 102 采区煤柱范围内,应力集中;在施工大断面拆装硐室时,围岩应力扰动,导致事故发生。

② 间接原因

a. 对残采区冲击地压灾害认识不足。艾友煤矿原为无冲击地压矿井,1601 综放工作面主要回采 102 采区三条上山保护煤柱,处于应力集中区,未按冲击地压区域管理。

b. 技术管理不到位。对 102 采区煤柱集中应力引发生冲击地压的可能性分析不足,未编制防治冲击地压安全技术措施;巷修作业规程和拆装硐室开帮、挑顶安全技术措施审批时,没有考虑诱发冲击地压事故的可能。

c. 安全管理不到位。1601 综放工作面在回采过程中出现冲击地压预兆,相关管理人员没有及时分析研究,没有向有关领导和部门汇报;施工大断面拆装硐室作业时发现冲击地压预兆,没有采取措施。

d. 安全培训教育不到位。对《煤矿安全规程》学习不深、理解不够,工作不严不细;安全培训不全面、不系统,职工自主保安、群体保安意识不强。

2. 兖煤菏泽能化有限公司赵楼煤矿"7·29"冲击地压事故

(1)事故简介

2015 年 7 月 29 日 2 时 49 分,兖煤菏泽能化有限公司赵楼煤矿 1305 工作面发生一起冲击地压事故,造成 3 人受伤(1 人重伤、2 人轻伤),事故造成直接经济损失 93.87 万元。

(2)事故经过

发生冲击地压事故地点为一采区 1305 工作面,工作面标高 -828～-963 m,所采煤层为 3 煤,煤层普氏系数 0.8～2.3,平均 1.6,煤层厚度为 2.8～9.0 m,平均厚度 6.1 m;煤层倾角为 1°～11°,平均为 8°,煤层结构简单;工作面倾斜长度 136.7 m,走向长度 573.6 m。工作面直接顶板以泥岩和粉砂岩为主,厚度为 1.2～8.35 m,平均 2.78 m;基本顶为中砂岩,厚度 4.55～20.42 m,平均厚度为 8.32 m,普氏系数(f)为 6.0～7.0;直接底为泥岩,厚度 1.5～3.0 m,平均 1.65 m;基本底为细砂岩,厚度 6.40～11.80 m,平均 9.97 m。

该工作面东邻一采区轨道下山,西邻七采区边界,北为回采完毕的 1304 工作面,南为回采完毕的 1306 工作面和 1307 工作面,1305 工作面为孤岛综放工作面,如图 6-6 所示。

事故发生时,运输平巷和轨道平巷布置的应力在线监测数据,

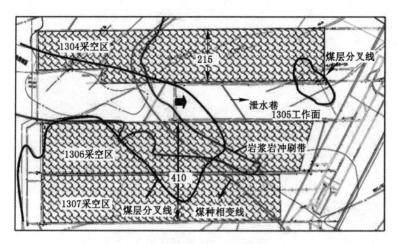

图 6-6　1305 工作面巷道布置图

均出现不同程度的上升,其中运输平巷第 3 组出现红色预警
(17.26 MPa)。SOS 微震监测系统监测到一次 2.5×106 J 的震
动,震级为 2.3 级。

事故发生后,轨道平巷侧煤壁向外 15 m 以内,巷高 4.0 m 左
右,两帮变形不明显,顶板出现"网兜",并有部分漏冒,部分单体支
柱歪斜;15～60 m 范围两帮移近量大,最大移近量 3.0 m 左右,且
工作面侧移近量较大;超前支护单体支柱部分弯曲歪斜;底鼓量
0.5～1 m。60 m 向外,底板有底鼓现象;轨道平巷 30～70 m 范围
受冲击挤压影响严重,十字梁棚支设单体液压支柱全部歪斜,其中
折断 14 棵;运输平巷侧工作面煤壁向外 40 m 内 13 架钢棚掉落,
单体液压支柱弯曲折断 38 棵。运输平巷崩断锚杆(索)12 根,部
分让压环挤压变形损坏,卸压钻孔多数塌孔。工作面 1# 液压支架
前梁压在前部刮板输送机电动机上;1#～86# 液压支架范围,前部
刮板输送机受冲击翻向支架侧,输送机及支架内积煤严重;25#～
65# 架范围,支架前梁和护帮板千斤顶损坏 32 棵,采煤机电缆出

槽；以 65[#] 支架为界，冲击后煤尘逆风扬起落到支架立柱上形成 2 mm 左右厚的煤尘；60[#]～80[#] 架，支架向后位移，最大 1.0 m 左右。煤壁煤块大量抛入架内，如图 6-7 所示。

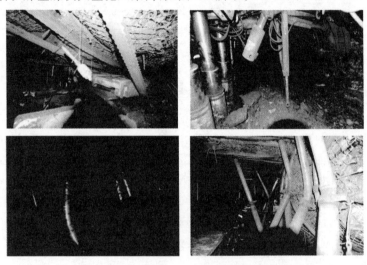

图 6-7 赵楼矿"7·29"冲击地压事故现场

（3）事故原因分析

① 直接原因

1305 工作面相邻的 1304、1306、1307 工作面已开采结束，致使 1305 工作面形成孤岛煤柱工作面；工作面埋深大（870.84～1 007.34 m），原岩应力高；煤层和顶板具有冲击倾向性，具备产生冲击地压的力源条件。

② 间接原因

a. 赵楼煤矿重生产、轻安全，安全第一的思想树立不牢。在生产接续紧张的情况下，1307 工作面回采结束后跳采 1305 综放工作面，对 1305 大埋深孤岛煤柱工作面发生冲击地压存有侥幸心理，进而冒险组织开采。

b. 赵楼煤矿防冲技术措施落实不到位:1305 工作面切眼评价为严重冲击危险,掘进切眼期间只在两端头各施工 30 m 卸压孔保护带,中间有 76 m 范围内未施工卸压钻孔;对冲击地压监测数据分析研究不到位,在矿井应力在线监测和微震监测数据异常时未能及时正确研判,并采取有效解危措施;工作面运输平巷超前支护未按《1305 工作面作业规程》规定不小于 120 m,实际支护 70 m,支护形式设计为"一梁四柱",实际为"一梁三柱"。

c. 兖州煤业股份有限公司对赵楼煤矿没有按照兖煤股生技字〔2015〕23 号文件批复的开采顺序进行采煤,技术管理监督不力;对《1305 工作面开采安全性论证报告》及其专家评审意见审查把关不严;对重大事故隐患治理监督管理不到位。

二、掘进型冲击地压

1. 义煤集团千秋矿"11·3"重大冲击地压事故

(1)事故简介

2011 年 11 月 3 日 19 时 18 分,义马煤业集团股份有限公司千秋煤矿发生重大冲击地压事故,造成 10 人死亡,64 人受伤,直接经济损失 2 748.48 万元。

(2)事故经过

事故发生在 21221 下巷掘进工作面,该巷道位于矿井西部二水平 21 采区下山西翼,北为 21221 工作面,南为未开采的实体煤层,西为千秋矿、耿村矿边界煤柱。该工作面距地表垂深 800 m,设计走向长度 1 500 m,巷道设计净断面 24 m²。

冲击地压造成 21221 下巷从 290 m 至窝面巷道不同程度变形,风筒从 360 m 处被撕裂,无法向巷道里段进行供风;290～460 m 处巷道内加强大立柱向上帮歪斜,上帮棚腿向巷道内滑移;460～500 m、515～553 m 段顶底板基本合拢;553～570 m 为锚网+喷浆+锚索梁支护的已维修段,变形量较小;575～620 m 段巷道部分地段底鼓变形严重,巷道高度仅有 0.5～0.8 m;620～640 m

巷道底鼓变形严重,巷道基本合拢;640 m 至窝面变形量不大,仅有轻微底鼓,如图 6-8 所示。

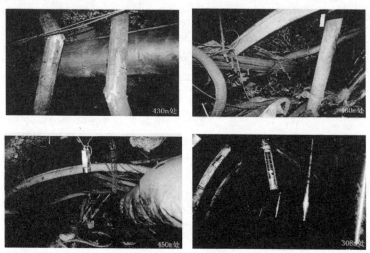

图 6-8　千秋矿"11·3"事故现场

（3）事故原因分析

① 直接原因

该矿区煤层顶板为巨厚砂砾岩（380～600 m）,事故发生区域接近落差达 50～500 m 的 F16 逆断层,地层局部直立或倒转,构造应力极大,处在强冲击地压危险区域;煤层开采后,上覆砾岩层诱发下伏 F16 逆断层活化,瞬间诱发了井下冲击地压事故。

② 间接原因

a. 该矿对采深已达 800 m、特厚坚硬顶板条件下地应力和采动应力影响增大、诱发冲击地压灾害的不确定性因素认识不足,采取的煤层深孔卸压爆破、超前卸压爆破、煤层深孔注水、大直径卸压钻孔、断底卸压爆破等措施没能解除冲击地压危险。

b. 该矿 21221 下巷没有优先采用"O"形棚全封闭支架支护。

这次冲击地压事故能量强度在 10^8 J 级别,虽然开展了大量科学研究工作,采取了防冲措施,但现有巷道支护形式不能抵抗这次冲击地压破坏。

c. 事故当班有 75 人在 21221 下巷作业,违反了该矿防冲专项设计中"21221 下巷作业人员不得超过 50 人"的规定。

2. 阜新矿业集团公司五龙煤矿冲击地压事故

(1) 事故简介

2013 年 1 月 12 日,辽宁省阜新矿业集团公司五龙煤矿发生一起较大冲击地压事故,造成 8 人死亡,直接经济损失 700 万元。

(2) 事故经过

事故地点为 3431B 综放面运输平巷掘进工作面至向外 57 m 范围。3431B 综放面运输平巷断面形状为微拱形,宽 5 m,高 3.5 m,采用锚杆、锚索、金属网、钢带联合支护。冲击地压地点开采深度为 825 m。

事故造成工作面迎头 50 m 范围内煤壁发生位移、风筒断裂、巷道严重变形,并伴随大量瓦斯涌出,如图 6-9 所示。

(3) 事故原因分析

① 直接原因

3431B 运输平巷沿太二煤层顶底板掘进,最初煤层厚度 3 m,与太下一层间距 21 m。事故发生区域太下一、二煤层合层,出现沉积相变化,造成应力集中,引发冲击地压事故,如图 6-10 所示。

② 间接原因

a. 对冲击地压机理研究不深。对沉积相变化易导致冲击地压发生认识不足,没有科学划分冲击地压危险区域。

b. 未对应力叠加对冲击地压的影响引起足够重视:3431B 采面邻近太下三煤层 1 号面和 2 号面,巷道掘进施工过程中未考虑 1 号面和 2 号面开采后应力重新分布及本工作面 2 号钻场应力叠加对该采面的影响,如图 6-12 所示。

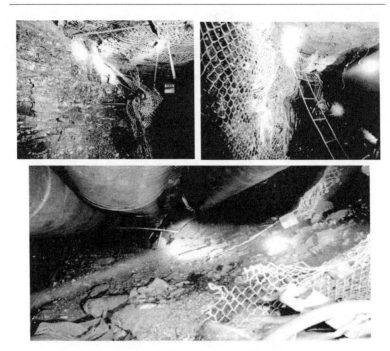

图 6-9　五龙矿冲击地压事故现场

图 6-10　太下一、太下二煤层合层图

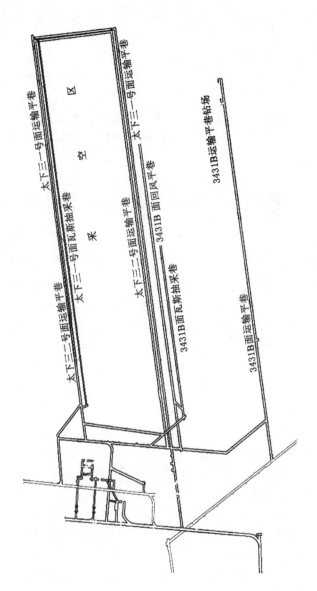

图6-11 运输平巷掘进面巷道布置图

c. 现场施工管理不到位。地质条件发生变化，虽制定了相应的措施，但没有认真执行；综掘进度快，应力释放不及时；支护强度不足；综掘机占用空间大，安全空间小。

d. 瓦斯预抽不到位。冲击后煤体瓦斯大量涌出，风筒受冲击开裂，造成瓦斯积聚。

e. 支护强度不足。大断面施工及地质条件发生变化没有采取提高支护强度的措施，冲击地压发生后造成掘进巷道大面积片帮。

第三节　区域性冲击地压案例

下面以兖州矿区为例进行区域性冲击地压（矿震）事故分析。矿区冲击地压（矿震）事故基本情况：近十多年来，随着各生产矿井开采煤层深度不断加大，开采范围不断延伸，以及开采技术条件的日趋复杂，矿区多数厚煤层矿井共计发生了 24 次冲击地压或矿震事故，较为严重的冲击地压（矿震）事故 7 次，事故共造成 4 人死亡，20 人受伤。此外，还发生过程度不同的冲击动力现象 10 余次。典型事故有东滩矿"2005·1·3"冲击地压事故、鲍店煤矿"2004·9·6"矿震事故、济三矿"2004·11·30"冲击地压事故、南屯煤矿"2007·3·13"冲击地压事故等。

1. 东滩矿"2005·1·3"冲击地压事故

（1）事故简介

2005 年 1 月 3 日 2 时 49 分，兖矿集团东滩矿 $43_{上}05$ 工作面切眼导硐冲击事故造成 1 人死亡，4 人受伤。

（2）事故经过

$43_{上}05$ 工作面为四面采空的孤岛工作面，倾斜宽 187.3 m，走向长度 490.4 m。切眼北邻 $143_{上}02$ 工作面采空区 60 m，西邻 $43_{上}06$ 工作面采空区，东临 $43_{上}04$ 工作面采空区，南部距切眼 180 m 处

为 $43_{上}05^{-1}$ 工作面采空区,500.4 m 处为 $43_{上}05^{-2}$ 工作面采空区,如图 6-12 所示。

2005 年 1 月 3 日 2 时 49 分 $43_{上}05$ 切眼导硐施工至距停头位置 2 m 左右发生冲击地压,迎头后 28～68 m 范围内巷道发生 3 处冒顶。切眼两帮移近 0.9～3.8 m,工作面一侧煤帮抛出 0.4～2.3 m;顶底板移近 1.35～3.0 m,三处断面几乎全部堵塞,堵塞长度 18.1 m。事故损坏风筒 193 m,折断单体液压支柱 55 棵,倒柱 115 棵,拉断锚杆 366 根、锚索 39 根。如图 6-13、图 6-14 所示。

（3）事故分析

$43_{上}05$ 为孤岛工作面,工作面上下方和后方均为采空区,工作面前方为一分层、二分层采空区。工作面周边采空面积大,应力集中程度高;煤层具有冲击倾向,基本顶中细砂岩厚度达 15～20 m,埋深 586 m,在应力异常集中区具有冲击危险;冲击地压发生部位表明,上下方采空区侧向支承压力的影响,对冲击地压的发生起着主导作用。

2. 鲍店煤矿"2004·9·6"矿震事故

（1）事故简介

2004 年 9 月 6 日下午,鲍店煤矿 2310 轨道平巷发生一起冲击地压事故,造成附近 2 人死亡,6 人受伤。

（2）事故经过

事故地点概况:2310 一号进风联络巷,西部为 2310、2311 工作面采空区;北部为大马厂断层与 2310 停采线之间的煤柱;东侧、南侧为大马厂断层(落差 10 m),断层外为 2306 切眼。2310 运输平巷、轨道平巷外分别建有 3 道密闭砖墙,如图 6-15 所示。

2004 年 9 月 6 日下午,2310 轨道平巷密闭顶部有微量烟雾,决定采用闭前喷射混凝土及向采空区注浆的封堵措施,在准备过程中发生事故。事故发生时,冲击波将采空区附近 2310 轨道平巷外两道密闭砖墙摧毁,碎砖向外抛出 40～50 m,如图 6-16 所示。

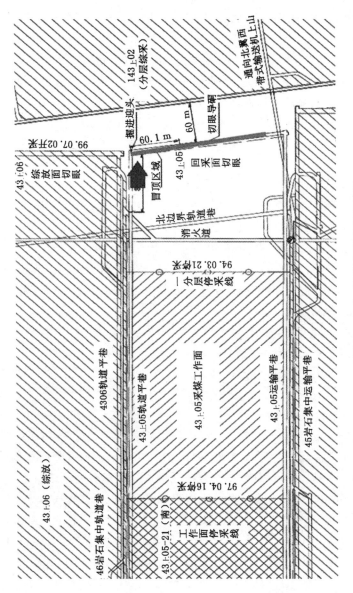

图6-12 43上05工作面平面位置图

说明：

1. A处冒顶173#~181#钢带；B处冒顶188#~195#钢带；C处冒顶215#~224#钢带。

2. 43±05面切眼全长195 m，已揭193 m。

3. 巷道冒高约2.0 m。

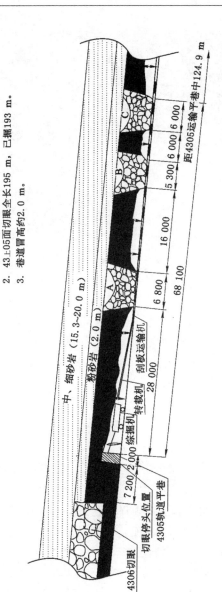

图6-13 43±05工作面切眼导硐剖面图

图 6-14   43$_{上}$05 工作面切眼导硐破坏情况

（3）事故分析

① 3 层煤上部 91 m 处赋存厚度为 94.27 m 的坚硬中砂岩,巨厚坚硬岩层的大面积断裂活动为冲击地压（矿震）的发生提供了力源条件。

② 2310、2311、2312 综放工作面都是向事故发生部位推进的,已经分别停采,采空面积大,上部巨厚岩层大面积悬空,积蓄了较高能量。

③ 停采线外侧断层落差 10 m,将巨厚中砂岩切割,使其处于动态平衡状态,容易发生大面积运动。

④ 断层留设的不规则煤柱受采空区叠加集中应力的作用,随着时间延续,不规则煤柱上方顶板处于临界失稳状态,受扰动导致上位巨厚中砂岩大面积运动,形成矿震冲击波将密闭摧毁。

3. 济三矿"2004·11·30" 6303 工作面轨道巷冲击地压事故

（1）事故简介

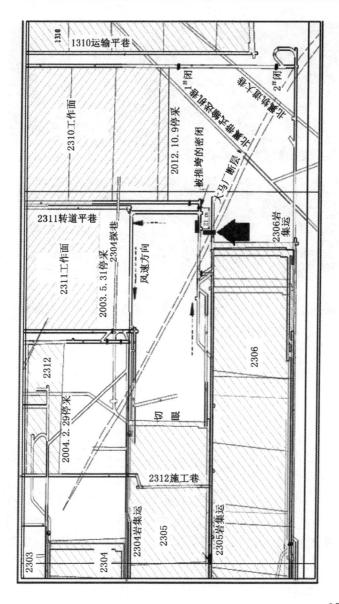

图6-15 鲍店煤矿矿震事故地点平面图

图 6-16　鲍店矿"2004·9·6"事故现场

2004 年 11 月 30 日,济三矿 6303 综放工作面推进到 1 310.7 m(辅助运输平巷)处,发生冲击地压事故。煤体突出的瞬间声响非常大,扬起大量煤尘,地面都有震感。事故未造成人员伤亡。

(2) 事故经过

6303 工作面长 239.8 m,推进长度 2 057.8 m,工作面标高 −640～−690 m。煤层平均厚度 4.75 m。老顶为灰绿-灰白色中砂岩,致密坚硬,$f=8～10$,平均厚度 20.51 m。6303 工作面东临 6302、6301、6300 采空区,西临尚未回采的 6304、6305 工作面。相邻工作面煤柱宽度为 4 m,巷道沿煤层底板掘进,采用锚网、钢带、锚索联合支护。

事故发生时,在工作面辅助运输平巷距煤壁前方 66～96 m

范围内,实体煤侧煤体瞬间突出,将工作面移动变电站的 7 个车盘子掀翻,煤体突出 1～2 m,突出的煤体与顶板离层间隙 100～200 mm,向煤帮内延伸 5 m 以上,如图 6-17、6-18 所示。

图 6-17　巷道冲垮

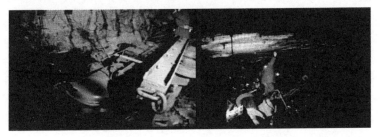

图 6-18　电站平板车、绞车电动机及煤帮

(3) 事故分析

① 煤层具有强冲击倾向。

② 煤层埋藏深,最深达 700 m。

③ 存在坚硬厚层顶板。六采区 $3_{下}$ 煤基本顶为坚硬稳定的中砂岩,平均厚度 20 m 左右,$f=8～10$。

④ 应力叠加形成高应力集中区。工作面前方支承压力与相邻采空区侧向支承压力、断层和褶曲附近的残余应力等相互叠加,当工作面周期来压和采煤机在机尾割煤时,引起顶板剧烈活动而诱发冲击。

4. 南屯煤矿"2007·3·13"93$_上$04 工作面\中间巷冲击地压事故

（1）事故简介

2007 年 3 月 13 日凌晨 1 时 45 分,南屯煤矿 93$_上$04 综放工作面中间巷发生一起冲击地压事故。事故造成 3 人受伤,其中 1 人重伤,2 人轻伤。

（2）事故经过

93$_上$04 工作面位于九采一分区东部,南侧为 93$_上$02 工作面采空区（2006 年 5 月回采结束）,北侧为 93$_上$06 工作面（未准备）,东部与九采边界带式输送机巷相邻。地面标高 50.11～55.62 m,平均 52.87 m。井下标高－480～－650 m,平均－565 m。工作面长度 151.2 m,推进长度 1 644 m。93$_上$04 工作面自 2007 年 2 月 7 日开始回采,工作面采用伪倾斜长壁综合机械化放顶煤一次采全高全部垮落采煤法,目前工作面已推进 118 m。工作面开采煤层为 3$_上$ 煤层,该工作面范围内,3$_上$ 煤层赋存稳定,煤层的厚度 3.40～6.70 m,平均 5.21 m。煤层结构简单,煤层倾角 4°～13°,平均 10°,开采煤层 3$_上$ 普氏系数 $f=2～3$。直接顶为粉砂岩、泥岩,0～2.95 m,平均 1.55 m;基本顶为中细砂岩互层,22.40～25.24 m,平均 23.50 m;直接底板为粉砂岩,2.89～5.34 m,平均 3.94 m。

事故造成中间巷自工作面煤壁向外 35～85 m 巷道严重底鼓,底鼓量最大约 1.5 m,两帮移近量最大约 1.4 m;巷内 13 辆电站车被推到煤帮,约 35 m 轨道被立起后推到电站车一侧。这次冲击同时波及 93$_上$04 工作面上平巷,造成超前支护段 12 棵单体支柱弯曲、3 棵单体支柱折断,巷道内有 1 处发生冒顶,冒顶范围长 4 m、宽 3 m、高 2.3 m。如图 6-19,6-20 所示。

（3）事故分析

① 南屯煤矿 3$_上$ 煤层及其顶板具有冲击倾向。

② 煤层埋藏深。93$_上$04 工作面开采深度 685 m。

图 6-19　中间巷轨道掀起、铁板被击穿

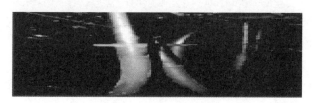

图 6-20　单体支柱弯曲

③ 工作面推进至接近"见方"位置。工作面长 150 m,事故发生时已推进跨度达 130 m,处在采空区"见方"基本顶易垮状态;同时,$93_上04$ 工作面轨道平巷侧相邻 $93_上02$ 采空区,$93_上04$ 工作面回采易使基本顶上位坚硬岩层发生大面积运动断裂。

④ 中间巷距轨道平巷 60 m(相当于留设煤柱),在压力峰值区内。

⑤ 中间巷沿顶板掘进,留置了较厚的底煤。

复习题

一、判断题

1. 煤矿企业的总工程师是冲击地压防治的第一责任人,对防治工作全面负责(　　)

2. 煤层(矿井)、采区冲击危险性评价及冲击地压危险区划分可委托具有冲击地压研究基础与评价能力的机构或由具有3年以上冲击地压防治经验的煤矿企业开展，编制评价报告，并对评价结果负责。（　　）

3. 有冲击地压矿井的煤矿企业必须明确分管冲击地压防治工作的负责人及业务主管部门，配备相关的业务管理人员。冲击地压矿井必须明确分管冲击地压防治工作的负责人，设立专门的防冲机构，并配备专业防冲技术人员与施工队伍。防冲队伍人数必须满足矿井防冲工作的需要，建立防冲监测系统，配备防冲装备，完善安全设施和管理制度，加强现场管理。（　　）

4. 冲击地压防治应当坚持"局部先行、区域跟进、分区管理、分类防治"的原则。（　　）

5. 新建矿井和冲击地压矿井的新水平、新采区、新煤层有冲击地压危险的，根据矿井实际情况可以选择性的编制防冲设计。（　　）

6. 严重冲击地压矿井不得开采孤岛煤柱。（　　）

7. 开拓巷道不得布置在严重冲击地压煤层中，永久硐室不得布置在冲击地压煤层中。开拓巷道、永久硐室布置达不到以上要求且不具备重新布置条件时，需进行安全性论证。（　　）

8. 冲击地压煤层采掘工作面临近大型地质构造（幅度在40 m以上、长度在1.5 km以上的褶曲，落差大于30 m的断层）、采空区、煤柱及其他应力集中区附近时，必须制定防冲专项措施。（　　）

9. 在无冲击地压煤层中的三面或者四面被采空区所包围的区域开采或回收煤柱时，必须进行冲击危险性评价，制定防冲专项措施，并组织专家论证通过后方可开采。（　　）

10. 冲击地压矿井必须进行区域危险性预测（以下简称区域预测）和局部危险性预测（以下简称局部预测）。区域预测即对矿井、水平、煤层、采（盘）区进行冲击危险性评价，划分冲击地压危险区域和确定危险等级；局部预测即对采掘工作面和巷道、硐室进行

冲击危险性评价,划分冲击地压危险区域和确定危险等级。(　　)

11. 冲击地压矿井必须有技术人员专门负责监测与预警工作,必须建立实时预警、处置调度和处理结果反馈制度。(　　)

12. 当监测区域或作业地点监测数据超过冲击地压危险预警临界指标,或采掘作业地点出现强烈震动、巨响、瞬间底(帮)鼓、煤岩弹射等动力现象,判定具有冲击地压危险时,必须立即停止作业,按照冲击地压避灾路线迅速撤出人员,切断电源,并报告矿调度室。(　　)

13. 冲击地压矿井必须采取区域和局部相结合的防冲措施。在矿井设计、采(盘)区设计阶段应当先行采取局部防冲措施;对已形成的采掘工作面应当在实施局部防冲措施的基础上及时跟进区域防冲措施。(　　)

14. 冲击地压矿井进行开拓方式选择时,应当参考地应力等因素合理确定开拓巷道层位与间距,尽可能地避免局部应力集中;进行采掘部署时,应当将巷道布置在低应力区,优先选择无煤柱护巷或小煤柱护巷,降低巷道的冲击危险性;同一煤层开采,应当优化确定采区间和采区内的开采顺序,避免出现孤岛工作面等高应力集中区域;应当避免开切眼和停采线外错布置形成应力集中。(　　)

15. 冲击地压矿井应当选择合理的开拓方式、采掘部署、开采顺序、煤柱留设、采煤方法、采煤工艺及开采保护层等区域防冲措施。(　　)

16. 冲击地压矿井必须制定采掘工作面冲击地压避灾路线,绘制井下避灾线路图。冲击地压危险区域的作业人员必须掌握作业地点发生冲击地压灾害的避灾路线以及被困时的自救常识。(　　)

17. 井下有危险情况时,班组长、调度员和防冲专业人员有权责令现场作业人员停止作业,停电撤人。(　　)

18. 开采冲击地压煤层时,必须采取冲击地压危险性预测、监测预警、防范治理、效果检验、安全防护等综合性防治措施。( )

19. 埋深超过 400 m 的煤层,且煤层上方 100 m 范围内存在单层厚度超过 10 m、单轴抗压强度大于 60 MPa 的坚硬岩层不需进行煤层(岩层)冲击倾向性鉴定。( )

20. 防冲设计应当包括开拓方式、保护层的选择、巷道布置、工作面开采顺序、采煤方法、生产能力、支护形式、冲击危险性预测方法、冲击地压监测预警方法、防冲措施及效果检验方法、安全防护措施等内容。( )

二、单选题

1. 冲击地压矿井必须编制冲击地压事故应急预案,且每年至少组织( )次应急预案演练。

A. 1　　　　B. 2　　　　C. 3　　　　D. 4

2. 煤矿企业(煤矿)应当委托能够执行国家标准(GB/T 25217.1、GB/T 25217.2)的机构开展煤层(岩层)冲击倾向性的鉴定工作。鉴定单位应当在接受委托之日起( )天内提交鉴定报告,并对鉴定结果负责。

A. 15　　　B. 30　　　C. 60　　　D. 90

3. 开采具有冲击倾向性的煤层,必须进行冲击危险性评价。煤矿企业应当将评价结果报( )煤炭行业管理部门、煤矿安全监管部门和煤矿安全监察机构。

A. 县级　　B. 市级　　C. 省级　　D. 国务院

4. 冲击危险性评价可采用综合指数法或其他经实践证实有效的方法。评价结果分为( )级。

A. 二　　　B. 三　　　C. 四　　　D. 五

5. 开采冲击地压煤层时,在应力集中区内不得布置( )个工作面同时进行采掘作业。

A. 2 　　　　B. 3 　　　　C. 4 　　　　D. 5

6. 开采冲击地压煤层时,两个掘进工作面之间距离小于
(　　)m 时,采煤工作面与掘进工作面之间的距离小于(　　)m
时,两个采煤工作面之间的距离小于 350 m 时,必须停止其中一
个工作面,确保两个采煤工作面之间、采煤工作面与掘进工作面之
间、两个掘进工作面之间留有足够的间距,以避免应力叠加导致冲
击地压的发生。

A. 50,300 　　B. 100,350 　　C. 150,400 　　D. 200,400

7. 冲击地压煤层内掘进巷道贯通或错层交叉时,应当在距离
贯通或交叉点(　　)m 之前开始采取防冲专项措施。

A. 50 　　　　B. 60 　　　　C. 70 　　　　D. 80

8. 具有冲击地压危险的高瓦斯矿井,采煤工作面进风巷应当
设置甲烷传感器,其位置距工作面不大于(　　)m。

A. 10 　　　　B. 15 　　　　C. 20 　　　　D. 25

9. 冲击地压矿井必须建立区域与局部相结合的冲击危险性
监测制度,区域监测应当覆盖矿井采掘区域,局部监测应当覆盖冲
击地压危险区。区域监测可采用(　　)。

A. 钻屑法　　　　　　　　B. 应力监测法

C. 电磁辐射法　　　　　　D. 微震监测法

10. 停采(　　)d 及以上的冲击地压危险采掘工作面恢复生
产前,防冲专业人员应当根据钻屑法、应力监测法或微震监测法等
检测监测情况对工作面冲击地压危险程度进行评价,并采取相应
的安全措施。

A. 3 　　　　B. 5 　　　　C. 10 　　　　D. 15

11. 冲击地压矿井应当在采取区域措施基础上,选择煤层钻
孔卸压、煤层爆破卸压、煤层注水、顶板爆破预裂、顶板水力致裂、
底板钻孔或爆破卸压等至少一种有针对性、有效的局部防冲措施。
当采用爆破卸压时,必须编制专项安全措施,起爆点及警戒点到爆

破地点的直线距离不得小于（　　　）m，躲炮时间不得小于（　　　）min。

　　A. 100,10　　　　B. 150,15　　　　C. 200,20　　　　D. 300,30

　　12. 有冲击地压危险的采掘工作面，供电、供液等设备应当放置在采动应力集中影响区外，且距离工作面不小于（　　　）m；不能满足上述条件时，应当放置在无冲击地压危险区域。

　　A. 50　　　　　　B. 100　　　　　C. 150　　　　　D. 200

　　13. 评价为强冲击地压危险的区域不得存放备用材料和设备；巷道内杂物应当清理干净，保持行走路线畅通；对冲击地压危险区域内的在用设备、管线、物品等应当采取固定措施；管路应当吊挂在巷道腰线以下，高于（　　　）m 的必须采取固定措施。

　　A. 1.2　　　　　B. 1.3　　　　　C. 1.4　　　　　D. 1.5

　　14. 有冲击地压危险的采掘工作面必须设置压风自救系统。应当在距采掘工作面 25～40 m 的巷道内、爆破地点、撤离人员与警戒人员所在位置、回风巷有人作业处等地点，至少设置（　　　）组压风自救装置。

　　A. 1　　　　　　B. 2　　　　　C. 3　　　　　D. 4

　　15. 新建矿井在（　　　）阶段应当根据地质条件、开采方式和周边矿井等情况，参照冲击倾向性鉴定规定对可采煤层及其顶底板岩层冲击倾向性进行评估。

　　A. 可行性研究　　　　　　　B. 初步设计

　　C. 施工准备　　　　　　　　D. 竣工验收

三、多选题

　　1. 冲击地压矿井必须建立冲击地压（　　　）等工作规范。

　　A. 防治安全技术管理制度　　B. 防治培训制度

　　C. 防治岗位安全责任制度　　D. 事故报告制度

　　2. 冲击地压是指煤矿井巷或工作面周围煤（岩）体，由于弹性变形能的瞬时释放而产生的突然、剧烈破坏的动力现象，常伴有

（　　）等情况。

　　A. 爆炸、燃烧　　　　　　　　B. 煤（岩）体瞬间位移、抛出

　　C. 巨响　　　　　　　　　　　D. 气浪

　　3. 有下列情况之一的，应当进行煤层（岩层）冲击倾向性鉴定：（　　）。

　　A. 有强烈震动、瞬间底（帮）鼓、煤岩弹射等动力现象的

　　B. 埋深超过 400 m 的煤层，且煤层上方 100 m 范围内存在单层厚度超过 10 m、单轴抗压强度大于 60 MPa 的坚硬岩层

　　C. 相邻矿井开采的同一煤层发生过冲击地压或经鉴定为冲击地压煤层的

　　D. 冲击地压矿井开采新水平、新煤层

　　4. 冲击危险性评价可采用综合指数法或其他经实践证实有效的方法，评价结果分为无冲击地压危险、（　　）。

　　A. 弱冲击地压危险　　　　　　B. 中等冲击地压危险

　　C. 强冲击地压危险　　　　　　D. 超强冲击地压危险

　　5. 冲击地压防治应当坚持"（　　）"的原则。

　　A. 区域先行　　　　　　　　　B. 局部跟进

　　C. 分区管理　　　　　　　　　D. 分类防治

　　6. 新建矿井防冲设计还应当包括（　　）。

　　A. 防冲必须具备的装备　　　　B. 防冲机构和管理制度

　　C. 冲击地压防治培训制度　　　D. 应急预案

　　7. 冲击地压矿井进行采掘部署时，优先选择（　　）。

　　A. 宽煤柱护巷　　　　　　　　B. 小煤柱护巷

　　C. 无煤柱护巷　　　　　　　　D. 将巷道布置在高应力区

　　8. 采用爆破卸压时，必须编制专项安全措施，以下叙述正确的是：（　　）。

　　A. 起爆点及警戒点到爆破地点的直线距离不得小于 500 m

　　B. 躲炮时间不得小于 45 min

C. 起爆点及警戒点到爆破地点的直线距离不得小于 300 m

D. 躲炮时间不得小于 30 min

9. 冲击地压危险区域巷道扩修时，以下叙述正确的是：（　　）。

A. 必须制定专门的防冲措施

B. 不宜多点作业

C. 采动影响区域内严禁巷道扩修与回采平行作业

D. 严禁多点作业

10. 关于冲击地压巷道支护设计，以下不正确的是：（　　）。

A. 刚性支护　　　　　　　B. 锚杆（锚索）支护

C. 可缩支架支护　　　　　D. 钢筋混凝土支护

四、简答题

1. 有冲击地压危险的采掘工作面作业规程的防冲专项措施主要包括哪些内容？

2. 开采冲击地压煤层不得留孤岛煤柱，如果特殊情况必须在采空区留设煤柱时，应当做哪些工作？

3. 东滩矿"2005·1·3"冲击地压事故发生的主要影响因素是什么？

4. 简要叙述义煤集团千秋矿"11·3"重大冲击地压事故的直接和间接原因。

5. 对"神华集团新疆宽沟煤矿冲击地压事故"进行简要分析。

附　　录

附录一　防治煤矿冲击地压细则

第一章　总　　则

第一条　为了加强煤矿冲击地压防治工作,有效预防冲击地压事故,保障煤矿职工安全,根据《中华人民共和国安全生产法》《中华人民共和国矿山安全法》《国务院关于预防煤矿生产安全事故的特别规定》《煤矿安全规程》等法律、法规、规章和规范性文件的规定,制定《防治煤矿冲击地压细则》(以下简称《细则》)。

第二条　煤矿企业(煤矿)和相关单位的冲击地压防治工作,适用本细则。

第三条　煤矿企业(煤矿)的主要负责人(法定代表人、实际控制人)是冲击地压防治的第一责任人,对防治工作全面负责;其他负责人对分管范围内冲击地压防治工作负责;煤矿企业(煤矿)总工程师是冲击地压防治的技术负责人,对防治技术工作负责。

第四条　冲击地压防治费用必须列入煤矿企业(煤矿)年度安全费用计划,满足冲击地压防治工作需要。

第五条　冲击地压矿井必须编制冲击地压事故应急预案,且每年至少组织一次应急预案演练。

第六条　冲击地压矿井必须建立冲击地压防治安全技术管理

制度、防治岗位安全责任制度、防治培训制度、事故报告制度等工作规范。

第七条 鼓励煤矿企业(煤矿)和科研单位开展冲击地压防治研究与科技攻关,研发、推广使用新技术、新工艺、新材料、新装备,提高冲击地压防治水平。

第二章 一 般 规 定

第八条 冲击地压是指煤矿井巷或工作面周围煤(岩)体,由于弹性变形能的瞬时释放而产生的突然、剧烈破坏的动力现象,常伴有煤(岩)体瞬间位移、抛出、巨响及气浪等。

冲击地压可按照煤(岩)体弹性能释放的主体、载荷类型等进行分类,对不同的冲击地压类型采取针对性的防治措施,实现分类防治。

第九条 在矿井井田范围内发生过冲击地压现象的煤层,或者经鉴定煤层(或者其顶底板岩层)具有冲击倾向性且评价具有冲击危险性的煤层为冲击地压煤层。有冲击地压煤层的矿井为冲击地压矿井。

第十条 有下列情况之一的,应当进行煤层(岩层)冲击倾向性鉴定:

(一)有强烈震动、瞬间底(帮)鼓、煤岩弹射等动力现象的。

(二)埋深超过 400 m 的煤层,且煤层上方 100 m 范围内存在单层厚度超过 10 m、单轴抗压强度大于 60 MPa 的坚硬岩层。

(三)相邻矿井开采的同一煤层发生过冲击地压或经鉴定为冲击地压煤层的。

(四)冲击地压矿井开采新水平、新煤层。

第十一条 煤层冲击倾向性鉴定按照《冲击地压测定、监测与防治方法 第 2 部分:煤的冲击倾向性分类及指数的测定方法》(GB/T 25217.2)进行。

第十二条　顶板、底板岩层冲击倾向性鉴定按照《冲击地压测定、监测与防治方法 第 1 部分：顶板岩层冲击倾向性分类及指数的测定方法》(GB/T 25217.1)进行。

第十三条　煤矿企业(煤矿)应当委托能够执行国家标准(GB/T 25217.1、GB/T 25217.2)的机构开展煤层(岩层)冲击倾向性的鉴定工作。鉴定单位应当在接受委托之日起 90 天内提交鉴定报告，并对鉴定结果负责。煤矿企业应当将鉴定结果报省级煤炭行业管理部门、煤矿安全监管部门和煤矿安全监察机构。

第十四条　开采具有冲击倾向性的煤层，必须进行冲击危险性评价。煤矿企业应当将评价结果报省级煤炭行业管理部门、煤矿安全监管部门和煤矿安全监察机构。

开采冲击地压煤层必须进行采区、采掘工作面冲击危险性评价。

第十五条　冲击危险性评价可采用综合指数法或其他经实践证实有效的方法。评价结果分为四级：无冲击地压危险、弱冲击地压危险、中等冲击地压危险、强冲击地压危险。

煤层(或者其顶底板岩层)具有强冲击倾向性且评价具有强冲击地压危险的，为严重冲击地压煤层。开采严重冲击地压煤层的矿井为严重冲击地压矿井。

经冲击危险性评价后划分出冲击地压危险区域，不同的冲击地压危险区域可按冲击危险等级采取一种或多种的综合防治措施，实现分区管理。

第十六条　新建矿井在可行性研究阶段应当根据地质条件、开采方式和周边矿井等情况，参照冲击倾向性鉴定规定对可采煤层及其顶底板岩层冲击倾向性进行评估，当评估有冲击倾向性时，应当进行冲击危险性评价，评价结果作为矿井立项、初步设计和指导建井施工的依据，并在建井期间完成煤层(岩层)冲击倾向性鉴定。

第十七条 煤层（矿井）、采区冲击危险性评价及冲击地压危险区划分可委托具有冲击地压研究基础与评价能力的机构或由具有 5 年以上冲击地压防治经验的煤矿企业开展，编制评价报告，并对评价结果负责。

采掘工作面冲击危险性评价可由煤矿组织开展，评价报告报煤矿企业技术负责人审批。

第十八条 有冲击地压矿井的煤矿企业必须明确分管冲击地压防治工作的负责人及业务主管部门，配备相关的业务管理人员。冲击地压矿井必须明确分管冲击地压防治工作的负责人，设立专门的防冲机构，并配备专业防冲技术人员与施工队伍，防冲队伍人数必须满足矿井防冲工作的需要，建立防冲监测系统，配备防冲装备，完善安全设施和管理制度，加强现场管理。

第十九条 冲击地压防治应当坚持"区域先行、局部跟进、分区管理、分类防治"的原则。

第二十条 冲击地压矿井必须编制中长期防冲规划和年度防冲计划。中长期防冲规划每 3 至 5 年编制一次，执行期内有较大变化时，应当在年度计划中补充说明。中长期防冲规划与年度防冲计划由煤矿组织编制，经煤矿企业审批后实施。

中长期防冲规划主要包括防冲管理机构及队伍组成、规划期内的采掘接续、冲击地压危险区域划分、冲击地压监测与治理措施的指导性方案、冲击地压防治科研重点、安全费用、防冲原则及实施保障措施等。

年度防冲计划主要包括上年度冲击地压防治总结及本年度采掘工作面接续、冲击地压危险区域排查、冲击地压监测与治理措施的实施方案、科研项目、安全费用、防冲安全技术措施、年度培训计划等。

第二十一条 有冲击地压危险的采掘工作面作业规程中必须包括防冲专项措施，防冲专项措施应当依据防冲设计编制，应当包括采掘作业区域冲击危险性评价结论、冲击地压监测方法、防治方法、效果检验方法、安全防护方法以及避灾路线等主要内容。

第二十二条　开采冲击地压煤层时,必须采取冲击地压危险性预测、监测预警、防范治理、效果检验、安全防护等综合性防治措施。

第二十三条　冲击地压矿井必须依据冲击地压防治培训制度,定期对井下相关的作业人员、班组长、技术员、区队长、防冲专业人员与管理人员进行冲击地压防治的教育和培训,保证防冲相关人员具备必要的岗位防冲知识和技能。

第二十四条　新建矿井和冲击地压矿井的新水平、新采区、新煤层有冲击地压危险的,必须编制防冲设计。防冲设计应当包括开拓方式、保护层的选择、巷道布置、工作面开采顺序、采煤方法、生产能力、支护形式、冲击危险性预测方法、冲击地压监测预警方法、防冲措施及效果检验方法、安全防护措施等内容。

新建矿井防冲设计还应当包括:防冲必须具备的装备、防冲机构和管理制度、冲击地压防治培训制度和应急预案等。

新水平防冲设计还应当包括:多水平之间相互影响、多水平开采顺序、水平内煤层群的开采顺序、保护层设计等。

新采区防冲设计还应当包括:采区内工作面采掘顺序设计、冲击地压危险区域与等级划分、基于防冲的回采巷道布置、上下山巷道位置、停采线位置等。

第二十五条　冲击地压矿井应当按照采掘工作面的防冲要求进行矿井生产能力核定,在冲击地压危险区域采掘作业时,应当按冲击地压危险性评价结果明确采掘工作面安全推进速度,确定采掘工作面的生产能力。提高矿井生产能力和新水平延深时,必须组织专家进行论证。

第二十六条　矿井具有冲击地压危险的区域,采取综合防冲措施仍不能消除冲击地压危险的,不得进行采掘作业。

第二十七条 开采冲击地压煤层时,在应力集中区内不得布置 2 个工作面同时进行采掘作业。2 个掘进工作面之间的距离小于 150 米时,采煤工作面与掘进工作面之间的距离小于 350 米时,2 个采煤工作面之间的距离小于 500 米时,必须停止其中一个工作面,确保两个回采工作面之间、回采工作面与掘进工作面之间、两个掘进工作面之间留有足够的间距,以避免应力叠加导致冲击地压的发生。相邻矿井、相邻采区之间应当避免开采相互影响。

第二十八条 开拓巷道不得布置在严重冲击地压煤层中,永久硐室不得布置在冲击地压煤层中。开拓巷道、永久硐室布置达不到以上要求且不具备重新布置条件时,需进行安全性论证。在采取加强防冲综合措施,确认冲击危险监测指标小于临界值后方可继续使用,且必须加强监测。

第二十九条 冲击地压煤层巷道与硐室布置不应留底煤,如果留有底煤必须采取底板预卸压等专项治理措施。

第三十条 严重冲击地压厚煤层中的巷道应当布置在应力集中区外。冲击地压煤层双巷掘进时,2 条平行巷道在时间、空间上应当避免相互影响。

第三十一条 冲击地压煤层应当严格按顺序开采,不得留孤岛煤柱。采空区内不得留有煤柱,如果特殊情况必须在采空区留有煤柱时,应当进行安全性论证,报企业技术负责人审批,并将煤柱的位置、尺寸以及影响范围标在采掘工程平面图上。煤层群下行开采时,应当分析上一煤层煤柱的影响。

第三十二条 冲击地压煤层开采孤岛煤柱前,煤矿企业应当组织专家进行防冲安全开采论证,论证结果为不能保障安全开采的,不得进行采掘作业。

严重冲击地压矿井不得开采孤岛煤柱。

第三十三条　对冲击地压煤层,应当根据顶底板岩性适当加大掘进巷道宽度。应当优先选择无煤柱护巷工艺,采用大煤柱护巷时应当避开应力集中区,严禁留大煤柱影响邻近层开采。

第三十四条　采用垮落法管理顶板时,支架(柱)应当具有足够的支护强度,采空区中所有支柱必须回净。

第三十五条　冲击地压煤层采掘工作面临近大型地质构造(幅度在 30 米以上、长度在 1 千米以上的褶曲,落差大于 20 米的断层)、采空区、煤柱及其他应力集中区附近时,必须制定防冲专项措施。

第三十六条　编制采煤工作面作业规程时,应当确定回采工作面初次来压、周期来压、采空区"见方"等可能的影响范围,并制定防冲专项措施。

第三十七条　在无冲击地压煤层中的三面或者四面被采空区所包围的区域开采或回收煤柱时,必须进行冲击危险性评价、制定防冲专项措施,并组织专家论证通过后方可开采。

有冲击地压潜在风险的无冲击地压煤层的矿井,在煤层、工作面采掘顺序,巷道布置、支护和煤柱留设,采煤工作面布置、支护、推进速度和停采线位置等设计时,应当避免应力集中,防止不合理开采导致冲击地压发生。

第三十八条　冲击地压煤层内掘进巷道贯通或错层交叉时,应当在距离贯通或交叉点 50 米之前开始采取防冲专项措施。

第三十九条　具有冲击地压危险的高瓦斯、煤与瓦斯突出矿井,应当根据本矿井条件,综合考虑制定防治冲击地压、煤与瓦斯突出、瓦斯异常涌出等复合灾害的综合技术措施,强化瓦斯抽采和卸压措施。

具有冲击地压危险的高瓦斯矿井,采煤工作面进风巷(距工作面不大于 10 米处)应当设置甲烷传感器,其报警、断电、复电浓度和断电范围同突出矿井采煤工作面进风巷甲烷传感器。

第四十条 具有冲击地压危险的复杂水文地质、容易自燃煤层的矿井,应当根据本矿井条件,在防治水、煤层自然发火时综合考虑防治冲击地压。

第四十一条 冲击地压矿井必须制定避免因冲击地压产生火花造成煤尘、瓦斯燃烧或爆炸等事故的专项措施。

第四十二条 开采具有冲击地压危险的急倾斜煤层、特厚煤层时,在确定合理采煤方法和工作面参数的基础上,应当制定防冲专项措施,并由企业技术负责人审批。

第四十三条 具有冲击地压危险的急倾斜煤层,顶板具有难垮落特征时,应当对顶板活动进行监测预警,制定强制放顶或顶板预裂等措施,实施措施后必须进行顶板处理效果检验。

第三章　冲击危险性预测、监测、效果检验

第四十四条 冲击地压矿井必须进行区域危险性预测(以下简称区域预测)和局部危险性预测(以下简称局部预测)。区域预测即对矿井、水平、煤层、采(盘)区进行冲击危险性评价,划分冲击地压危险区域和确定危险等级;局部预测即对采掘工作面和巷道、硐室进行冲击危险性评价,划分冲击地压危险区域和确定危险等级。

第四十五条 区域预测与局部预测可根据地质与开采技术条件等,优先采用综合指数法确定冲击危险性,还可采用其他经实践证明有效的方法。预测结果分为四类:无冲击地压危险区、弱冲击地压危险区、中等冲击地压危险区、强冲击地压危险区。根据不同的预测结果制定相应的防治措施。

第四十六条 冲击地压矿井必须建立区域与局部相结合的冲击危险性监测制度,区域监测应当覆盖矿井采掘区域,局部监测应当覆盖冲击地压危险区,区域监测可采用微震监测法等,局部监测可采用钻屑法、应力监测法、电磁辐射法等。

第四十七条　采用微震监测法进行区域监测时,微震监测系统的监测与布置应当覆盖矿井采掘区域,对微震信号进行远距离、实时、动态监测,并确定微震发生的时间、能量(震级)及三维空间坐标等参数。

第四十八条　采用钻屑法进行局部监测时,钻孔参数应当根据实际条件确定。记录每米钻进时的煤粉量,达到或超过临界指标时,判定为有冲击地压危险;记录钻进时的动力效应,如声响、卡钻、吸钻、钻孔冲击等现象,作为判断冲击地压危险的参考指标。

第四十九条　采用应力监测法进行局部监测时,应当根据冲击危险性评价结果,确定应力传感器埋设深度、测点间距、埋设时间、监测范围、冲击地压危险判别指标等参数,实现远距离、实时、动态监测。

可采用矿压监测法进行局部补充性监测,掘进工作面每掘进一定距离设置顶底板动态仪和顶板离层仪,对顶底板移近量和顶板离层情况进行定期观测;回采工作面通过对液压支架工作阻力进行监测,分析采场来压程度、来压步距、来压征兆等,对采场大面积来压进行预测预报。

第五十条　冲击地压矿井应当根据矿井的实际情况和冲击地压发生类型,选择区域和局部监测方法。可以用实验室试验或类比法先设定预警临界指标初值,再根据现场实际考察资料和积累的数据进一步修订初值,确定冲击危险性预警临界指标。

第五十一条　冲击地压矿井必须有技术人员专门负责监测与预警工作;必须建立实时预警、处置调度和处理结果反馈制度。

第五十二条　冲击地压危险区域必须进行日常监测,防冲专业人员每天对冲击地压危险区域的监测数据、生产条件等进行综合分析、判定冲击地压危险程度,并编制监测日报,报经矿防冲负责人、总工程师签字,及时告知相关单位和人员。

第五十三条　当监测区域或作业地点监测数据超过冲击地压危险预警临界指标，或采掘作业地点出现强烈震动、巨响、瞬间底（帮）鼓、煤岩弹射等动力现象，判定具有冲击地压危险时，必须立即停止作业，按照冲击地压避灾路线迅速撤出人员，切断电源，并报告矿调度室。

第五十四条　冲击地压危险区域实施解危措施时，必须撤出冲击地压危险区域所有与防冲施工无关的人员，停止运转一切与防冲施工无关的设备。实施解危措施后，必须对解危效果进行检验，检验结果小于临界值，确认危险解除后方可恢复正常作业。

第五十五条　停采3天及以上的冲击地压危险采掘工作面恢复生产前，防冲专业人员应当根据钻屑法、应力监测法或微震监测法等检测监测情况对工作面冲击地压危险程度进行评价，并采取相应的安全措施。

第四章　区域与局部防冲措施

第五十六条　冲击地压矿井必须采取区域和局部相结合的防冲措施。在矿井设计、采（盘）区设计阶段应当先行采取区域防冲措施；对已形成的采掘工作面应当在实施区域防冲措施的基础上及时跟进局部防冲措施。

第五十七条　冲击地压矿井应当选择合理的开拓方式、采掘部署、开采顺序、煤柱留设、采煤方法、采煤工艺及开采保护层等区域防冲措施。

第五十八条　冲击地压矿井进行开拓方式选择时，应当参考地应力等因素合理确定开拓巷道层位与间距，尽可能地避免局部应力集中。

第五十九条　冲击地压矿井进行采掘部署时，应当将巷道布置在低应力区，优先选择无煤柱护巷或小煤柱护巷，降低巷道的冲击危险性。

第六十条　冲击地压矿井同一煤层开采,应当优化确定采区间和采区内的开采顺序,避免出现孤岛工作面等高应力集中区域。

第六十一条　冲击地压矿井进行采区设计时,应当避免开切眼和停采线外错布置形成应力集中,否则应当制定防冲专项措施。

第六十二条　应当根据煤层层间距、煤层厚度、煤层及顶底板的冲击倾向性等情况综合考虑保护层开采的可行性,具备条件的,必须开采保护层。优先开采无冲击地压危险或弱冲击地压危险的煤层,有效减弱被保护煤层的冲击危险性。

第六十三条　保护层的有效保护范围应当根据保护层和被保护层的煤层赋存情况、保护层采煤方法和回采工艺等矿井实际条件确定;保护层回采超前被保护层采掘工作面的距离应当符合本细则第二十七条的规定;保护层的卸压滞后时间和对被保护层卸压的有效时间应当根据理论分析、现场观测或工程类比综合确定。

第六十四条　开采保护层后,仍存在冲击地压危险的区域,必须采取防冲措施。

第六十五条　冲击地压煤层应当采用长壁综合机械化采煤方法。

第六十六条　缓倾斜、倾斜厚及特厚煤层采用综采放顶煤工艺开采时,直接顶不能随采随冒的,应当预先对顶板进行弱化处理。

第六十七条　冲击地压矿井应当在采取区域措施基础上,选择煤层钻孔卸压、煤层爆破卸压、煤层注水、顶板爆破预裂、顶板水力致裂、底板钻孔或爆破卸压等至少一种有针对性、有效的局部防冲措施。

采用爆破卸压时,必须编制专项安全措施,起爆点及警戒点到爆破地点的直线距离不得小于 300 米,躲炮时间不得小于 30 分钟。

第六十八条 采用煤层钻孔卸压防治冲击地压时,应当依据冲击危险性评价结果、煤岩物理力学性质、开采布置等具体条件综合确定钻孔参数。必须制定防止打钻诱发冲击伤人的安全防护措施。

第六十九条 采用煤层爆破卸压防治冲击地压时,应当依据冲击危险性评价结果、煤岩物理力学性质、开采布置等具体条件确定合理的爆破参数,包括孔深、孔径、孔距、装药量、封孔长度、起爆间隔时间、起爆方法、一次爆破的孔数。

第七十条 采用煤层注水防治冲击地压时,应当根据煤层条件及煤的浸水试验结果等综合考虑确定注水孔布置、注水压力、注水量、注水时间等参数,并检验注水效果。

第七十一条 采用顶板爆破预裂防治冲击地压时,应当根据邻近钻孔顶板岩层柱状图、顶板岩层物理力学性质和工作面来压情况等,确定岩层爆破层位,依据爆破岩层层位确定爆破钻孔方位、倾角、长度、装药量、封孔长度等爆破参数。

第七十二条 采用顶板水力致裂防治冲击地压时,应当根据邻近钻孔顶板岩层柱状图、顶板岩层物理力学性质和工作面来压情况等,确定压裂孔布置(孔深、孔径、孔距)、高压泵压力、致裂时间等参数。

第七十三条 采用底板爆破卸压防治冲击地压时,应当根据邻近钻孔柱状图和煤层及底板岩层物理力学性质等煤岩层条件等,确定煤岩层爆破深度、钻孔倾角与方位角、装药量、封孔长度等参数。

第七十四条 采用底板钻孔卸压防治冲击地压时,应当依据冲击危险性评价结果、底板煤岩层物理力学性质、开采布置等实际具体条件综合确定卸压钻孔参数。

第七十五条　冲击地压危险工作面实施解危措施后，必须进行效果检验，确认检验结果小于临界值后，方可进行采掘作业。

防冲效果检验可采用钻屑法、应力监测法或微震监测法等，防冲效果检验的指标参考监测预警的指标执行。

第五章　冲击地压安全防护措施

第七十六条　人员进入冲击地压危险区域时必须严格执行"人员准入制度"。准入制度必须明确规定人员进入的时间、区域和人数，井下现场设立管理站。

第七十七条　进入严重（强）冲击地压危险区域的人员必须采取穿戴防冲服等特殊的个体防护措施，对人体胸部、腹部、头部等主要部位加强保护。

第七十八条　有冲击地压危险的采掘工作面，供电、供液等设备应当放置在采动应力集中影响区外，且距离工作面不小于 200 米；不能满足上述条件时，应当放置在无冲击地压危险区域。

第七十九条　评价为强冲击地压危险的区域不得存放备用材料和设备；巷道内杂物应当清理干净，保持行走路线畅通；对冲击地压危险区域内的在用设备、管线、物品等应当采取固定措施，管路应当吊挂在巷道腰线以下，高于 1.2 米的必须采取固定措施。

第八十条　冲击地压危险区域的巷道必须采取加强支护措施，采煤工作面必须加大上下出口和巷道的超前支护范围与强度，并在作业规程或专项措施中规定。加强支护可采用单体液压支柱、门式支架、垛式支架、自移式支架等。采用单体液压支柱加强支护时，必须采取防倒措施。

第八十一条　严重（强）冲击地压危险区域，必须采取防底鼓措施。防底鼓措施应当定期清理底鼓，并可根据巷道底板岩性采取底板卸压、底板加固等措施。底板卸压可采取底板爆破、底板钻孔卸压等；底板加固可采用 U 型钢底板封闭支架、带有底梁的液压支架、打设锚杆(锚索)、底板注浆等。

第八十二条 冲击地压危险区域巷道扩修时，必须制定专门的防冲措施，严禁多点作业，采动影响区域内严禁巷道扩修与回采平行作业。

第八十三条 冲击地压巷道严禁采用刚性支护，要根据冲击地压危险性进行支护设计，可采用抗冲击的锚杆(锚索)、可缩支架及高强度、抗冲击巷道液压支架等，提高巷道抗冲击能力。

第八十四条 有冲击地压危险的采掘工作面必须设置压风自救系统。应当在距采掘工作面 25 至 40 米的巷道内、爆破地点、撤离人员与警戒人员所在位置、回风巷有人作业处等地点，至少设置 1 组压风自救装置。压风自救系统管路可以采用耐压胶管，每 10 至 15 米预留 0.5 至 1.0 米的延展长度。

第八十五条 冲击地压矿井必须制定采掘工作面冲击地压避灾路线，绘制井下避灾线路图。冲击地压危险区域的作业人员必须掌握作业地点发生冲击地压灾害的避灾路线以及被困时的自救常识。井下有危险情况时，班组长、调度员和防冲专业人员有权责令现场作业人员停止作业，停电撤人。

第八十六条 发生冲击地压后，必须迅速启动应急救援预案，防止发生次生灾害。

恢复生产前，必须查清事故原因，制定恢复生产方案，通过专家论证，落实综合防冲措施，消除冲击地压危险后，方可恢复生产。

第六章　附　则

第八十七条 本细则自 2018 年 8 月 1 日起施行。

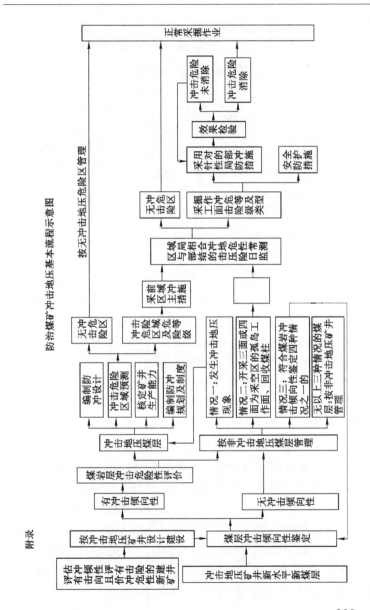

防治煤矿冲击地压基本流程示意图

附录二 《煤矿安全规程》 冲击地压防治部分

第五章 冲击地压防治

第一节 一般规定

第二百二十五条 在矿井井田范围内发生过冲击地压现象的煤层,或者经鉴定煤层(或者其顶底板岩层)具有冲击倾向性且评价具有冲击危险性的煤层为冲击地压煤层。有冲击地压煤层的矿井为冲击地压矿井。

第二百二十六条 有下列情况之一的,应当进行煤岩冲击倾向性鉴定:

(一)有强烈震动、瞬间底(帮)鼓、煤岩弹射等动力现象的。

(二)埋深超过 400 m 的煤层,且煤层上方 100 m 范围内存在单层厚度超过 10 m 的坚硬岩层。

(三)相邻矿井开采的同一煤层发生过冲击地压的。

(四)冲击地压矿井开采新水平、新煤层。

第二百二十七条 开采具有冲击倾向性的煤层,必须进行冲击危险性评价。

第二百二十八条 矿井防治冲击地压(以下简称防冲)工作应当遵守下列规定:

(一)设专门的机构与人员。

(二)坚持"区域先行、局部跟进"的防冲原则。

(三)必须编制中长期防冲规划与年度防冲计划,采掘工作面作业规程中必须包括防冲专项措施。

(四)开采冲击地压煤层时,必须采取冲击危险性预测、监测预警、防范治理、效果检验、安全防护等综合性防治措施。

（五）必须建立防冲培训制度。

第二百二十九条 新建矿井和冲击地压矿井的新水平、新采区、新煤层有冲击地压危险的,必须编制防冲设计。防冲设计应当包括开拓方式、保护层的选择、采区巷道布置、工作面开采顺序、采煤方法、生产能力、支护形式、冲击危险性预测方法、冲击地压监测预警方法、防冲措施及效果检验方法、安全防护措施等内容。

第二百三十条 冲击地压矿井应当按防冲要求进行矿井生产能力核定。提高矿井生产能力和新水平延深时,必须进行论证。采取综合防冲措施后不能消除冲击地压灾害的矿井,不得进行采掘作业。

第二百三十一条 冲击地压矿井巷道布置与采掘作业应当遵守下列规定:

（一）开采冲击地压煤层时,在应力集中区内不得布置2个工作面同时进行采掘作业。2个掘进工作面之间的距离小于150 m时,采煤工作面与掘进工作面之间的距离小于350 m,2个采煤工作面之间的距离小于500 m时,必须停止其中一个工作面。相邻矿井、相邻采区之间应当避免开采相互影响。

（二）开拓巷道不得布置在严重冲击地压煤层中,永久硐室不得布置在冲击地压煤层中。煤层巷道与硐室布置不应留底煤,如果留有底煤必须采取底板预卸压措施。

（三）严重冲击地压厚煤层中的巷道应当布置在应力集中区外。双巷掘进时2条平行巷道在时间、空间上应当避免相互影响。

（四）冲击地压煤层应当严格按顺序开采,不得留孤岛煤柱。在采空区内不得留有煤柱,如果必须在采空区内留煤柱时,应当进行论证,报企业技术负责人审批,并将煤柱的位置、尺寸以及影响范围标在采掘工程平面图上。开采孤岛煤柱的,应当进行防冲安全开采论证;严重冲击地压矿井不得开采孤岛煤柱。

（五）对冲击地压煤层,应当根据顶底板岩性适当加大掘进巷道宽度。应当优先选择无煤柱护巷工艺,采用大煤柱护巷时应当避开应力集中区,严禁留大煤柱影响邻近层开采。巷道严禁采用刚性支护。

(六)采用垮落法管理顶板时,支架(柱)应当有足够的支护强度,采空区中所有支柱必须回净。

(七)冲击地压煤层掘进工作面临近大型地质构造、采空区、其他应力集中区时,必须制定专项措施。

(八)应当在作业规程中明确规定初次来压、周期来压、采空区"见方"等期间的防冲措施。

(九)在无冲击地压煤层中的三面或者四面被采空区所包围的区域开采和回收煤柱时,必须制定专项防冲措施。

第二百三十二条 具有冲击地压危险的高瓦斯、突出煤层的矿井,应当根据本矿井条件,制定专门技术措施。

第二百三十三条 开采具有冲击地压危险的急倾斜、特厚等煤层时,应当制定专项防冲措施,并由企业技术负责人审批。

第二节 冲击危险性预测

第二百三十四条 冲击地压矿井必须进行区域危险性预测(以下简称区域预测)和局部危险性预测(以下简称局部预测)。区域与局部预测可根据地质与开采技术条件等,优先采用综合指数法确定冲击危险性。

第二百三十五条 必须建立区域与局部相结合的冲击地压危险性监测制度。应当根据现场实际考察资料和积累的数据确定冲击危险性预警临界指标。

第二百三十六条 冲击地压危险区域必须进行日常监测。判定有冲击地压危险时,应当立即停止作业,撤出人员,切断电源,并报告矿调度室。在实施解危措施、确认危险解除后方可恢复正常作业。停采3天及以上的采煤工作面恢复生产前,应当评估冲击地压危险程度,并采取相应的安全措施。

第三节　区域与局部防冲措施

第二百三十七条　冲击地压矿井应当选择合理的开拓方式、采掘部署、开采顺序、采煤工艺及开采保护层等区域防冲措施。

第二百三十八条　保护层开采应当遵守下列规定:

(一)具备开采保护层条件的冲击地压煤层,应当开采保护层。

(二)应当根据矿井实际条件确定保护层的有效保护范围,保护层回采超前被保护层采掘工作面的距离应当符合本规程第二百三十一条的规定。

(三)开采保护层后,仍存在冲击地压危险的区域,必须采取防冲措施。

第二百三十九条　冲击地压煤层的采煤方法与工艺确定应当遵守下列规定:

(一)采用长壁综合机械化开采方法。

(二)缓倾斜、倾斜厚及特厚煤层采用综采放顶煤工艺开采时,直接顶不能随采随冒的,应当预先对顶板进行弱化处理。

第二百四十条　冲击地压煤层采用局部防冲措施应当遵守下列规定:

(一)采用钻孔卸压措施时,必须制定防止诱发冲击伤人的安全防护措施。

(二)采用煤层爆破措施时,应当根据实际情况选取超前松动爆破、卸压爆破等方法,确定合理的爆破参数,起爆点到爆破地点的距离不得小于300m。

(三)采用煤层注水措施时,应当根据煤层条件,确定合理的注水参数,并检验注水效果。

(四)采用底板卸压、顶板预裂、水力压裂等措施时,应当根据煤岩层条件,确定合理的参数。

第二百四十一条　冲击地压危险工作面实施解危措施后,必须进行效果检验,确认检验结果小于临界值后,方可进行采掘作业。

第四节　冲击地压安全防护措施

第二百四十二条　进入严重冲击地压危险区域的人员必须采取特殊的个体防护措施。

第二百四十三条　有冲击地压危险的采掘工作面,供电、供液等设备应当放置在采动应力集中影响区外。对危险区域内的设备、管线、物品等应当采取固定措施,管路应当吊挂在巷道腰线以下。

第二百四十四条　冲击地压危险区域的巷道必须加强支护,采煤工作面必须加大上下出口和巷道的超前支护范围和强度。严重冲击地压危险区域,必须采取防底鼓措施。

第二百四十五条　有冲击地压危险的采掘工作面必须设置压风自救系统,明确发生冲击地压时的避灾路线。

复习题参考答案

第一章　煤矿地质知识

一、判断题

1. √　2. ×　3. √　4. ×　5. √　6. √　7. √　8. ×
9. √　10. ×　11. √　12. √　13. √　14. √　15. √

二、单项选择题

1. C　2. C　3. A　4. C　5. A　6. A　7. A　8. B　9. C
10. A

三、多选题

1. ABC　2. ABD　3. ABC　4. ACD　5. ABCD

四、简答题

1. 答:形成具有开采价值的煤层必须具备有以下四个条件:

(1)植物的大量繁殖;(2)温暖潮湿的气候;(3)适宜的地理环境;(4)地壳运动的配合。

2. 答:(1)大型向斜轴部顶板压力常有增大现象,必须加强支护,否则容易发生局部冒顶、大面积冒顶等事故,给顶板管理带来很大困难。

(2)有瓦斯突出的矿井,向斜轴部是瓦斯突出的危险区。由于向斜轴部顶板压力大,再加上强大的瓦斯压力,向斜轴部极易发生煤与瓦斯突出。

第二章　　冲击地压特征

一、判断题

1. √　2. √　3. √　4. √　5. √　6. √　7. 　8. √

9. √　10. √　11. √　12. √　13. √　14. √　15. √　16. √

17. √　18. √　19. √　20. √

二、单选题

1. B　2. A　3. A　4. A

三、多选题

1. ABCD　2. ABC　3. ACD　4. AB　5. ABCD

6. ABC　7. ABC

四、简答题

1. 答:冲击地压通常是指:煤矿井巷或工作面周围煤(岩)体,由于弹性变性能的瞬时释放而产生的突然、剧烈破坏的动力现象,常伴有煤(岩)体瞬间位移、抛出,巨响和气浪等。

2. 答:冲击地压具有突发性、多样性、复杂性、瞬时震动性。

第三章　　煤矿冲击地压的影响因素

一、判断题

1. √　2. ×　3. √　4. ×　5. √　6. √　7. ×　8. ×

9. √　10. √　11. √　12. ×　13. √　14. √　15. √

二、单项选择题

1. A　2. B　3. A　4. C　5. A　6. C　7. A　8. B

9. B　10. B

三、多选题

1. ABCD　2. BCD　3. ABCD　4. ACD　5. ABCD

四、简答题

1. 答:冲击地压煤层采煤方法的选择首要考虑的是规则地进行采煤,主要表现为:(1) 不留或少留煤柱;(2) 尽可能保证工作面成直线;(3) 不使煤层有向采空区突出地段。

2. 答:(1) 工作面向采空区推进时;

(2) 在距采空区 15~40 m 的应力集中区域内掘进巷道;

(3) 两个工作面相向推进;

(4) 两个近距离煤层中的两个工作面同时开采。

第四章　冲击地压防治技术

一、判断题

1. √　2. ×　3. √　4. √　5. ×　6. √　7. √　8. √
9. ×　10. ×　11. √　12. √　13. √　14. √　15. ×
16. √　17. √　18. √　19. √　20. √

二、单选题

1. A　2. C　3. C　4. B　5. A　6. D　7. B　8. A　9. D
10. A　11. B　12. A　13. C　14. D　15. C

三、多选题

1. ABCD　2. ACD　3. AC　4. ABCD　5. ABD
6. ABCD　7. BCD　8. BC　9. ABCD　10. ABCD

四、简答题

1. 答:顶板断裂声响的频率和声响增大;煤帮有明显受压和片帮现象;底板出现底鼓或沿煤柱附近的底板发生裂隙;巷道超前压力较明显;工作面中支柱载荷和顶板下沉速度明显增大;有时采空区顶板发生裂缝或淋水增大,向顶板钻孔中注水先流清水,后变成流白糊状液体,这是断裂块岩互相摩擦形成的岩粉与水的混合物。

2. 答：① 地质条件因素：是否发生过冲击地压，开采深度，关键层顶板与煤层的距离，是否有构造应力集中，顶板岩层厚度，煤的抗剪强度，煤的冲击能量指数；② 开采技术因素：与停采线、采空区、煤柱、老巷的距离，一次采全高的煤层厚度，工作面斜长，是否沿空掘巷，是否有解放层卸压开采，采空区的处理方式。

3. 答：① 开拓布置应当有利于解放层开采。

② 杜绝在构造压缩应力带和采动应力场支承压力的高峰部位布置采煤巷道和掘进工作面。

③ 最大限度争取在采动释放应力后稳定的内应力场(已经历采动破坏的岩层覆盖应力场)中掘进和维护巷道。

4. 答：① 煤粉钻孔检测。即采用煤粉钻孔法检测煤体的应力状况，如果煤粉量超过规定的指标，则认为该位置有冲击危险。通过多个煤粉钻孔，圈定已形成冲击危险的区域。

② 在确认已形成冲击危险的区域，以一定的爆破参数实施卸载爆破。

③ 卸载爆破后，采用煤粉钻孔等方法在爆破孔周围一定区域内检测爆破的卸载效果(或事先埋设钻孔应力计)。如果煤粉量指标低于冲击危险值，即认为煤层已达到卸载效果，否则说明煤层仍具有冲击危险，应实施二次卸载爆破。

5. 答：危险性评价是预测预报冲击地压的重要组成部分，包括综合指数法、数值模拟法、钻屑法、微震法、声发射法、电磁辐射法等。无论使用何种预测方法，对预测地点冲击地压危险性的准确分析都是至关重要的先决条件，对及时采取区域性防范措施和局部解危措施都起到了决定性指导作用，是冲击地压工作的基础。

区域性防治措施，是在矿井巷道、工作面形成之初，在设计上遵循一定避压、让压、卸压原则，如矿压解放层的布置与开采，从而对冲击地压起到根本性的治理效果。

局部解危措施，是指震动爆破、煤层注水、定向裂隙等具体的工程解危手段,作用范围在时间空间上都较为有限,但由于具有即时有效性,在区域性防治措施无法涉及时使用,在井工工程实践中应用也十分广泛。

第五章 冲击地压事故救援

一、判断题

1. √   2. √   3. √   4. √   5. √   6. √   7. √   8. √
9. √   10. √   11. √   12. √   13. √   14. √   15. ×
16. √   17. √   18. ×   19. ×   20. ×

二、单选题

1. A 2. D 3. D 4. A 5. A 6. A 7. A 8. D 9. A
10. A   11. A   12. B   13. B   14. A   15. C

三、多选题

1. ABC   2. ABCD   3. ABCD   4. ABCD   5. ABC
6. ABCD   7. ABC   8. ABCDE   9. ABCDE   10. ABC

四、简答题

1. 答:一是职工现场紧急避险权,二是调度人员、带班人员、班组长、瓦斯检查工四类人员紧急情况下遇险处置权。

2. 答:(1)统一指挥原则;(2)自救互救原则;(3)安全抢救原则;(4)通信畅通原则。

3. 答:(1)如果遇险人员的头部和胳膊在外,其余部分被压埋时,只要身上覆盖物不多,又未受重伤,就应试着往外爬,尽早脱离冒顶区。

(2)如果身上被压埋的东西较多,又受重伤自己无法脱险,只要不影响呼吸,就不应急于往外爬,防止受伤加重,应等待外面来人抢救。

(3)若冒顶面积较大,遇险人员整个身体都被埋住,不可能爬出来,但正好处于支架倾倒而形成的有限空间内,这样只能依靠自救,保证正常呼吸。若有外伤、出血应进行止血;如果没有受伤,应保持冷静的头脑,等待外面的抢救。

4.答:应本着"有血先止血、有骨折先固定、有脊柱损伤搬运时防止损坏神经"的原则根据伤害情况进行救护。

5.答:(1)发生水灾事故,现场人员应将异常信息第一时间汇报调度室。

(2)成立现场应急救援指挥部指挥应急抢险工作。

(3)通知附近受水害威胁区域的作业人员进行应急避险,组织无关人员按照避灾路线进行撤离。

(4)发现险情升级,现场无法控制时立即通知调度室。

(5)调度室向矿长请求启动矿井应急救援预案,得到指示后通知矿应急救援指挥部成员到位,由矿井应急救援指挥部指挥抢险救援工作

第六章　冲击地压典型案例分析

一、判断题

1. ×　2. ×　3. √　4. ×　5. ×　6. √　7. √　8. ×
9. √　10. √　11. √　12. √　13. ×　14. √　15. √
16. √　17. √　18. √　19. ×　20. √

二、单选题

1. A　2. D　3. C　4. C　5. A　6. B　7. A　8. A　9. D
10. A　11. D　12. D　13. A　14. A　15. A

三、多选题

1. ABCD　2. BCD　3. ABCD　4. ABC　5. ABCD
6. ABCD　7. BC　8. CD　9. ACD　10. BC

四、简答题

1. 答:主要内容应当包括采掘作业区域冲击危险性评价结论、冲击地压监测方法、防治方法、效果检验方法、安全防护方法以及避灾路线等。

2. 答:进行安全性论证,报企业技术负责人审批,并将煤柱的位置、尺寸以及影响范围标在采掘工程平面图上。煤层群下行开采时,应当分析上一煤层煤柱的影响。

3. 答:$43_{上}05$ 为孤岛工作面,工作面上下方和后方均为采空区,工作面前方为一分层、二分层采空区。工作面周边采空面积大,应力集中程度高;煤层具有冲击倾向,基本顶中细砂岩厚度达 $15\sim20$ m,埋深 586 m,在应力异常集中区具有冲击危险;冲击地压发生部位表明,上下方采空区侧向支承压力的影响,对冲击地压的发生起着主导作用。

4. 答:直接原因:本矿区煤层顶板为巨厚砂砾岩($380\sim600$ m),事故发生区域接近落差达 $50\sim500$ m 的 F16 逆断层,地层局部直立或倒转,构造应力极大,处在强冲击地压危险区域;煤层开采后,上覆砾岩层诱发下伏 F16 逆断层活化,瞬间诱发了井下冲击地压事故。

间接原因:① 该矿对采深已达 800 m、特厚坚硬顶板条件下地应力和采动应力影响增大、诱发冲击地压灾害的不确定性因素认识不足,采取的煤层深孔卸压爆破、超前卸压爆破、煤层深孔注水、大直径卸压钻孔、断底卸压爆破等措施没能解除冲击地压危险。② 该矿 21221 下巷没有优先采用"O"形棚全封闭支架支护。这次冲击地压事故能量强度在 10^8 J 级别。虽然开展了大量科学研究工作,采取了防冲措施,但现有巷道支护形式不能抵抗这次冲击地压破坏。③ 事故当班有 75 人在 21221 下巷作业,违反了该矿防冲专项设计中"21221 下巷作业人员不得超过 50 人"的规定。

5. 答:此次事故的直接原因是:宽沟井田位于沙湾县—玛纳

斯县—呼图壁县地震带上,井田内赋存有多条断层,可能存在较大的构造应力;W1143综采面开采的B4-1煤层硬度相对较大,具有弱冲击倾向性。基本顶存在着坚硬巨厚的粗砂岩和细砂岩,具有弱冲击倾向性;底板岩层为钙质胶结的粉砂岩,具有强冲击倾向性;W1143综采面上覆B4-2煤层开采应力转移、相邻工作面回采的固定支承压力及本工作面超前支承压力相互叠加,是动力灾害的诱发因素。

参 考 文 献

［1］陈雄.矿井开拓与开采［M］.重庆:重庆大学出版社,2010.

［2］窦林名,赵从国,杨思光,等.煤矿开采冲击矿压灾害防治［M］.徐州:中国矿业大学出版社,2006.

［3］齐庆新,窦林名.冲击地压理论与技术［M］.徐州:中国矿业大学出版社,2008.

［4］钱鸣高,石平五,许家林.矿山压力与岩层控制［M］.徐州:中国矿业大学出版社,2010.

［5］宋振骐.实用矿山压力控制［M］.徐州:中国矿业大学出版社,1988.

［6］谭云亮.矿山压力与岩层控制［M］.2版.北京:煤炭工业出版社,2011.

［7］张吉春.煤矿开采技术［M］.2版.徐州:中国矿业大学出版社,2012.

［8］赵兴东.井巷工程［M］.北京:冶金工业出版社,2010.